물질의 비밀

코페르니쿠스 총서 —— 01

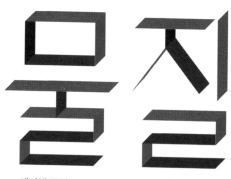

물질

에티엔 클렝 Étienne Klein

| 박태신 옮김

Les secrets de la matière

의 비밀

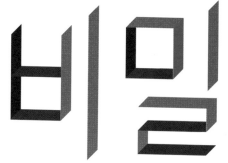

황소걸음
Slow & Steady

차례

머리말

"모든 분야는 위대한 영적 혼란에서 시작된다."

앙토냉 아르토Antonin Artaud[1]

바닷물과 우리가 호흡하는 공기, 산속의 암석과 다이아몬드, 하늘의 별과 고양이 눈… 이들 사이에 무슨 연관이 있을까? 겉보기에는 아무것도 없다. 그러나 수많은 현상과 다양한 재료, 여러 유기체를 파헤친 물리학자들은 우여곡절 끝에 특정한 구성단위를 알아내는 데 성공했다. 즉 우리를 둘러싼 모든 물체는 공통적으로 같은 입자로 구성되었다는 것이다. 그래서 모양새와 상관없이 물질들 사이에는 '물질의 공통점'이 존재한다.

---

1 20세기 초·중반에 활동한 프랑스 시인이자 극작가, 초현실주의 이론가. 잔혹극으로 유명하다.—옮긴이, 이하 동일.

그러나 모든 물질을 구성하는 요소인 '진짜 물질'은 눈에 보이지 않는다. 이 진짜 물질을 파악하고 이해하려면, 겉모습이나 선입관을 넘어서 깊이 생각해야 한다.

물질을 파악하기 위해서는 두 가지 방식을 사용할 수 있다. 하나는 사물을 직접 들여다보고 다양한 방식으로 측정한 다음, 분명하게 드러나는 특성을 모아보는 것이다. 그러나 이는 물질의 존재감만 겨우 느낄 수 있는 방식이다. 다른 하나는 사물의 보이는 측면과 보이지 않는 측면을 균형 있게 고려한 다음, 그동안 우리가 쌓아놓은 지식을 통해 물질의 존재를 개념으로 대체하는 것이다. 이는 물질의 겉모습 외에도 물질을 더 확실하게 파악하기 위해 물리학이 수행하는 기법이다. 물리학은 이리저리 궁리해 물질을 추상적으로 표현하는 것을 좋아한다. 덕분에 우리는 물질의 실상을 계산상이나마 잘 이해하고, 물질에 영향력을 행사할 수 있다.

왜 추상적으로 표현할까? 물질세계의 법칙을 찾아내고 싶다면 물질세계를 소극적으로 바라보는 것만으로 충분치 않기 때문이다. 대신 물질세계의 구성 요소들을 적극적으로 분석해 구성 요소들의 관계를 명확하게 알아내야 한다. 모순처럼 보일 수 있겠지만, 거듭 숙고하고 불필요한 정보를 제거함으로써 추상화해야 실험 결과를 해명하고 문제 상황을 파악할 수 있다. 갈릴레이 Galileo Galilei도 이런 방법으로 물체 낙하에 관한 수리물리학의 첫 번째 법칙을 만들었다. 물체의 개별 특성(형태, 재료, 질량)과 공기 저항을 추상화해서 물체가 낙하할 때 낙하 시간과 가속도, 속도의 관계를 단순화했다.[2] 형식주의[3]라는 우회로는 여러 매개변수를 잘 사용하고, 매개변수의 관계를 방정식으로 표현한다. 형식주의를 사용하면 물질을 직접 만나지는 못하지만, 물질의 신비를 더 잘 이해할 수 있다.

요컨대 우리는 물질이라는 외딴 세계를 방문하고, 측정과 실험, 방정식 같은 방법을 총동원하고 '온갖 잔꾀를 부려' 파악한 다음, 물질이 실제로 이렇구나 하고 깨닫는 것이다.

---

[2] 갈릴레이가 모든 물체는 질량과 상관없이 낙하 시간이 같고, 공기저항이 없다면 일정하게 가속도가 붙는다는 추상적 사고를 했다는 말이다.

[3] 겉모습보다 추상적·기하학적 형식으로 사물을 표현하는 방식.

$$M_e = \sigma T^4 \qquad \oint \vec{e} = \frac{L}{4\pi r^2} \qquad \int \frac{\Delta \psi}{2\pi} \qquad \frac{\Delta x}{\lambda_1} = \frac{x_2 - x_1}{x_2} S_2 \qquad V = C/\lambda$$

$$-+ V_\psi = E\psi \qquad \Delta t = \frac{\Delta t'}{\sqrt{1 - \frac{V^2}{c^2}}} \qquad k = \frac{1}{4\pi \varepsilon_0 \varepsilon_r} \qquad v_c = \sqrt{r \frac{M_2}{R_o}} \qquad \vec{F_m} = \vec{B} I \ell$$

$$U_m \quad E = \hbar \omega \qquad E = h \cdot \frac{v_0}{c} \quad U = \frac{W_{AB}}{P_0} \qquad \frac{|E_{PA} - E_{PB}|}{} = |\psi_A - \psi_B| \qquad T = \frac{4 n_1 n_2}{(n_2 + n_1)^2} \qquad F_g = \frac{m_1 m}{r^2}$$

$$\frac{1}{\sqrt{2}} \quad V = \frac{wh}{2\pi r m_e} \qquad \varphi_E = \frac{F_E}{P_0} = k \frac{Q}{r^2} \varphi \qquad \varphi \qquad \frac{M_m}{N_A}$$

$$v_0 = \frac{M_m}{N_A} = \frac{M_r \cdot 10^{-3}}{N_A} \qquad m = N \cdot m_0 = \frac{Q}{V e} \quad \frac{M_m}{N_A} \quad E = \frac{E_c}{q} \int_{-q/L}^{+q/L} \sin(\omega t + \phi) dy \qquad R_m = \frac{C}{T} k = \pm \sqrt{\frac{2n}{\hbar}}$$

$$\ell_t = \ell_0 (1 + d \Delta t) \quad I = \frac{U_e}{R + R_i} \qquad -q/L \quad \frac{tg\tau'}{tg\tau} = \frac{d}{f} \omega = 2$$

$$\text{E} = mc^2 \qquad \frac{\sin \alpha}{\sin \beta} = \frac{V_1}{V_2} = \frac{w_2}{w_1} \quad V = \frac{1}{\sqrt{\varepsilon \cdot \mu}}$$

$$\frac{1}{e} U m_e \quad R = \rho \frac{\ell}{S}$$

$$\Psi_{(x)} = \sqrt{2/L} \sin \frac{n\pi x}{L} \qquad E = \frac{1}{2} \hbar \sqrt{k/m} \quad \beta = \frac{\Delta I_c}{\Delta I_B} \phi_e = \frac{\Delta E}{\Delta t} \quad \frac{w_1}{x} + \frac{w_2}{x'} = \frac{u}{x}$$

$$= \mu \iint \vec{J} d\vec{S} \qquad \vec{S} = \frac{1}{\mu_0} (\vec{E} \times \vec{B}) \quad E_k = \frac{h^2}{8m L^2} h^2$$

$$\sqrt{\frac{3kTN_A}{M_m}} = \sqrt{\frac{3 R_m T}{M_R \cdot 10^{-3}}} \quad E = \frac{\hbar k^2}{2m} \qquad pc = \frac{1 AU}{r} \qquad \oint \vec{D} d\vec{S}$$

$$= F_n = S h \rho g \qquad f_0 = \frac{1}{2\pi \sqrt{CL}} \quad \sigma = \frac{Q}{S} \qquad M = \vec{F} d \cos \alpha$$

$$\cos \vartheta_1 \cos \vartheta_2 \qquad \frac{1}{2\pi \sqrt{CL}} \qquad S I_m^2 = U_m^2 \left[\frac{1}{R^2} + \left(\frac{1}{x_c} - \frac{1}{x_L} \right)^2 \right] \lambda^*$$

$$\cos(\vartheta_1 - \vartheta_2) \sin(\vartheta_1 + \vartheta_2) \qquad \int \vec{E} d\vec{\ell} = -\iint \frac{\partial \vec{B}}{\partial t} \cdot d\vec{S} \quad P = \frac{E}{C} = \frac{h f}{C} = \frac{h}{\lambda}$$

$$\frac{d\omega}{dt} \quad R = R_0 \sqrt[3]{A} \qquad u = U_m \sin \omega (t - \tau) = U_m \sin 2\pi \frac{t}{\tau}$$

$$\oint \vec{H} d\vec{\ell} = \iint (\vec{J} + \frac{\partial \vec{D}}{\partial t}) \cdot d\vec{S} \qquad Q = mc\Delta t \qquad F_g =$$

$$L = 10 \ell m \frac{I}{}$$

"보지 않고도 믿는 사람은 행복하다."

—

〈요한복음〉 20장 29절

'원자'라는 개념은 언제 생겼나?

바위, 물, 공기 그리고 나무를 비롯한 식물과 마찬가지로 우리 몸도 작은 물질 알갱이로 구성되었다. 극도로 작은 이 입자를 원자라고 부른다. 물질은 그것이 하늘이든 땅이든, 고정되었든 생기 넘치게 움직이든, 부서지기 쉽든 단단하든 모두 원자로 구성되었다.

원자는 불과 100여 년 전에야 과학자들에게 너무나 중요한 대상이 되었는데, 그보다 훨씬 전인 2500여 년 전에 원자라는 개념이 그리스·로마 시대 사상가 레우키포스Leucippos, 데모크리토스Democritos, 에피쿠로스Epicouros의 생각 속에 싹트고 있었다. 그들은 물질이 한없이 쪼개질 수 있는 것이 아니라는 원리에서 출발했다. 그들은 이 원리를 받아들일 수밖에 없었는데, 분명 더는 손댈 수 없는 한계가 존재할 것이라고 해석한 것이다. 반드시 '가장 작은 물질 조각'이 존재할 텐데, 그들은 쪼갤 수 없고 궁극적인 이 개체를 '원자'라고 불렀다. 원자는 그리스어로 '나눌 수 없는'이라는 뜻이다.

그러나 그들은 이 원자를 볼 수 없었고, 어떤 방식으로도 식별할 수 없었다. 그때 그들은 심지어 원자가 '먼지의 형이상학'이라는 방식으로 구성되었을 거라고 상상했다. 즉 원자는 파괴될 수 없고 영원하며, 원자 안에 빈 구석은 없고, 공간 속에서 끊임없이 움직인다고 상상했다. 원자는 서로 충돌하면서 우리가 보고 만질 수 있는 물질 덩어리를 만들어냈음에 틀림없다. 그러니까 편지나 문서가 단어와 문장으로 구성되었듯이, 물질도 원자로 구성된 것이다. 원자가 여러 방식으로 조합을 이뤄 우리를 둘러싼 모든 물체를 만들어냈을 것이다.

다만 원자가 구성한 조직은 불안정했다. 다소 일시적인 조직은 언젠가 분해될 수밖에 없었다. 그러나 어느 것도 시간과 상관없이 물질의 유일하고 영원한 구성 요소인 원자의 본질은 바꿀 수 없었다.

그리스·로마 시대 원자론자들은 일반적으로 물체가 물체를 구성하는 원자와 반드시 같은 특성이 있다고 여기지는 않았다. 예를 들면 붉은색 천에 든 원자가 붉은색은 아니고, 보석 내부에 있는 원자가 특별히 단단하거나 반짝거리지 않는다는 것이다.

뛰어난 사상가들은 2500여 년 전에 이렇듯 핵심을 꿰뚫었다. 지금이야 우리가 이런 사실을 잘 알지만, 불행하게도 당시 이 사상가들을 따르는 사람은 거의 없었다. 즉 이후 많은 후세가 오랫동안 '위대한 아리스토텔레스Aristoteles' 흉내를 내는데, 아리스토텔레스는 물질은 연속되고 한없이 쪼개질 수 있다고 생각했다.

원자론이 심오하긴 했지만, 온갖 반박을 받고 급격히 신용을 잃었다. 특히 대다수 고대인은 원자가 이리저리 움직이는 빈 공간은 존재할 수 없다고 생각했다. 놀랍게도 이 가설이 19세기에 다시 나타났고, 물리학자 세계에서 논쟁거리가 된다. 이 가설을 믿는 사람들은 이 가설을 믿지 않는 사람들을 맹렬히 공격했다. 특히 원자는 형이상학적 관념, 보이지 않는 대상, 쓸데없는 환상일 뿐이라고 비난했다.

원자는 언제, 어떻게 발견했나?

20세기 초 물리학이 갑작스레 진전한다. 물리학 역사에서 '기적의 해'라고 부르는 1905년 5월, 알베르트 아인슈타인Albert Einstein이라는 물리학자가 과학사에 진정

알베르트 아인슈타인
Albert Einstein, 1879~1955

한 변화의 계기가 되는 논문을 발표했다. 이 논문은 원자의 존재를 실험을 통해 증명하는 내용이었다. 이 젊은 물리학자는 원자론에 찬성하는 새로운 근거를 찾다가 겉보기에는 평범한 현상에 관심이 생겼다. 바로 브라운운동이다. 브라운운동은 유체 속에서 분주히 움직이는 입자의 끊임없는 위치 변동을 말한다. 소량의 물에 꽃씨를 뿌리고 현미경으로 관찰하면, 이 씨앗들이 겉보기에 우연히 이끌리듯 불규칙적인 궤적을 그린다. 아인슈타인은 이 씨앗들의 무질서한 움직임이 단순한 변덕이 아니라, 보이지 않는 어떤 질서를 나타낸다는 가설에서 계산을 시작한다. 비밀리에 씨앗들의 움직임을 결정하는 질서는, 씨앗과 끊임없이 충돌하면서 줄곧 씨앗의 방향을 바꾸는 물 분자의 운동이라고 생각한 것이다.

1906년 파리에서, 턱수염을 짧게 기른 과학자 장 페랭Jean Baptiste Perrin이 아인슈타인의 예측을 확인하는 여러 실험을 주도했다. 실험 덕분에 분자의 실체인 원자의 존재가 확고해졌다. 원자는 물리학이 움켜쥐고 연구하는 대상이 되었다.

물리학의 초창기인 1906~1911년에는 원자를 바라보는 시각이 고대인의 생각과 거의 비슷했다. 고대인들은 원자를 나눌 수 없고 변하지 않는 최소 개체라고 생각했다. 물리학자들은 이 견해가 너무 순진하다는 것을 곧바로 알아챘다. 원자의 진짜 구조는 절대로 그렇게 단순하지 않다. 원자는 그 자체로 하나의 우주여서, 고대인이 생각한 것과 아주 다르다. 몇 년 동안 여러 중요한 발견이 이어져, 데모크리토스의 원자론과 뉴턴역학에서 물려받은 소박한 유물론[1]의 기반이 허물어졌다. 이제 물질은 당구공처럼 충돌하는 무수히 많은 원자의 집단으로 여길 수 없게 되었다.

원자는 씨가 든 버찌처럼 핵이 있으며, 나눌 수 없는 것도 아니다

1911년 어니스트 러더퍼드Ernest Rutherford가 첫 쾌거를 이룬다. 양전하를 띠는 입자를 얇은 금박에 발사해볼 생각을 한 것이다. 러더퍼드는 이 무렵 물리학자들이 물질에 관해 지니고 있던 지식 그대로, 리볼버 총알이 종잇장을 관통하듯 모든 입자가 금박을 관통할 것이

---

[1] 뉴턴역학의 결정론적 우주관이 유물론 철학에 큰 영향을 끼쳤다.

라고 기대했다. 그런데 다음과 같은 사실을 확인한다. 대다수 입자는 마치 앞에 아무것도 없다는 듯이 확실하게 금박을 관통했지만, 놀랍게도 약간의(대략 1만 개 중 하나) 입자는 금박에 부딪혀 튕겨 나가고 그중 몇몇은 정반대로 되돌아왔다.

어안이 벙벙해진—리볼버 총알이 종잇장에 부딪힐 때 튕겨 나가는 것을 본 사람은 없지 않은가—러더퍼드는 오랫동안 곰곰이 생각한 끝에, 금박 내부에 원자보다 훨씬 작고 단단한 무엇이 존재하리라는 것을 깨닫는다. 러더퍼드는 실제로 원자는 밀도가 엄청나게 높은(물보다 밀도가 2×10^{14}배 높은) 핵 하나와 그 핵 주위를 돌아다니는 전자들이 혼합된 조직이라고 설명한다. 원자의 핵은 모두 양전하를 띠는 것도 알게 된다. 이때부터 러더퍼드의 실험 결과가 쉽게 이해되었다. 금박 속에 있는 핵은 자기 가까이 지나가는 양전하 입자를 세차게 밀어내지만, 멀찌감치 지나가는 입자는 상관하지 않는다. 발사된 입자는 핵과 핵 사이의 거리보다 훨씬 작기 때문에, 대다수 입자는 무사히 금박을 관통한다. 그러나 소수 입자는 금박 속에 있는 핵에 '덤벼들다가' 세차게 튕겨 나간다.

원자가 핵과 전자들로 구성되었다면 혼합체지, 고대

인이 생각한 것과 같은 최소 개체가 아니라는 말이다. 혼합체라면 나눌 수 없는 것이 아니라는 말도 된다. 실제로 원자는 나눌 수 없는 것도, 파괴할 수 없는 것도 아니다. 따라서 원자라는 명칭은 어울리지 않는다. 우리는 '나눌 수 없는'이라는 원자의 어원에 무색하게 원자를 쪼갤 수 있다. 예를 들어 원자를 가열하거나 빛을 비추면, 원자에서 하나 혹은 여러 개 전자를 떼어낼 수 있다. 이때 원자 주변을 살펴보면 원자가 양전하를 띤 '이온'이 되었음을 알 수 있다(원자가 음전하를 띤 전자를 상실했기 때문).

원자의 크기는 얼마나 될까?

원자가 공 모양으로 있는 것은 아니지만, 원자가 가진 전자들의 궤적 크기에 해당하는 지름은 있다. 원자의 지름은 대략 100억 분의 1m다. 즉 길이 1m 안에 원자 100억 개를 일렬로 세울 수 있다는 말이다. 원자핵은 원자보다 수만 배 작지만, 원자질량을 대부분 차지한다.

그런데 원자핵과 전자들 사이에는 무엇이 있을까? 아무것도 없다. 텅 빈 공간이 있을 뿐이다. 원자 내부에 빈 공간이 있다면 원자는 꽉 찬 개체가 아니어서, 고대인들의 생각과 반대다. 결국 그동안 꽉 찼다고 생각된 '물질 입자'는 사실 비었다.

원자핵이 발견되고 나서 여러 해 동안, 원자는 종전 물리학 법칙과 모순되는 특성과 반응을 보인다는 사실이 점점 더 명백해졌다. 특히 물리학자들은 원자가 빛을 발산하거나 흡수하는 방식을 이해하지 못했다. 물리학자들은 새로 확인된 사실 때문에 고통스러워하기보다 열광하면서, 고전물리학에 깊이 뿌리박힌 몇 가지 법칙을 단념했다. 수백 년 동안 옳다고 확신하던 것들에서 처음으로 의문점을 발견한 것이다. 물리학자들은 이후 여러 해 동안 극도로 작은 세계를 이해하는, 완전히 새로운 방식을 준비한다. 이들은 전에 없던 개념을 사용하고, 독창적 사고를 발휘해서 새로운 법칙을 이끌어낸다. 그렇게 해서 원자와 원자의 구성 요소를 다루는 '양자물리학'을 형성해 나간다.

원자는 고전물리학 법칙을 따르지 않는다

"그저 조용히 돌고 돈다."

익명의 전자

원자 중 가장 간단한 수소 원자를 살펴보자. 수소 원자핵에는 양전하를 띤 양성자 한 개가 있다. 아주 작은 전자 한 개가 수소 원자핵 주위를 도는데, 양성자와 전하가 반대여서 인력 관계를 유지한다. 속도는 얼마나 될까? 무려 원자핵 주위를 초당 10^{16}번 돈다.

러더퍼드는 1911년 원자핵을 발견한 실험을 하고 나서 얼마 안 돼, 수소 원자핵과 전자 체계가 익히 아는 태양과 지구 체계를 연상시킨다는 점에 주목했다. 두 체계가 완벽히 닮은 것이다. 러더퍼드는 수소 원자가 태양계의 축소판이어서 원자핵은 항성인 태양 역할을, 전자는 행성인 지구 역할을 한다고 상상했다. 두 체계는 크기 차이(태양계를 최소한도로 축소하면 수소 원자가 된다)가 있을 뿐이어서, 원자는 고전물리학으로도 묘사가 가능했다.

그런데 이와 같은 은유가 적절할까? 잠시 곰곰이 생각해보자. 러더퍼드가 언급한 원자모형이 적절하다면,

전자도 행성이 항성 주위를 도는 궤도처럼 정해진 궤도가 있어야 한다. 전자도 타원형으로 궤도를 유지하면서 원자핵 주위를 쉬지 않고 돌아야 한다. 고전역학에 따르면, 공간의 두 물체는 자신들이 따르는 힘의 작용을 받아 정해진 궤도를 유지한다. 그런데 전자가 처한 상황은 단순하지 않다. 전자는 원자핵 주위를 돌기 때문에, 커브를 도는 자동차처럼 사방에서 가속도를 경험한다. 전자는 이 상황에서 전하를 띠므로 빛을 발산하고 에너지를 상실하는데, 전자기학 방정식들은 이런 점까지 염두에 둔다(자동차로 치면 커브 돌 때 타이어가 삐걱거리는 것과 같다). 여기까지는 중대한 문제가 없다. 원자는 분명 빛을 발하지 않는가? 러더퍼드의 원자모형은 처음에 이런 현상을 다뤘을 것이다.

그러나 잘 들여다보면 이해 안 되는 문제가 있다. 전자는 에너지를 상실하기 때문에 나선형을 그리며 원자핵으로 다가가고, 결국 원자핵과 충돌해 부서져야 할 것이다. 이는 재앙이다. 러더퍼드의 원자모형은 행성이 항성으로 떨어지지 않는 항성과 행성 체계에는 잘 들어맞지만, 수소 원자를 지속성이 없는 개체로 만들어버린다. 전자는 눈 깜짝할 사이에 원자핵으로 떨어져야 할 것이다. 그러나 수소 원자가 태양계의 축소판이라면 일어났을 이런 일은 일어나지 않고, 수소 원자는 안정된 상태로 남았다.

이 이야기에서 무슨 교훈을 얻을 수 있을까? 고전물리학 법칙, 더 넓게는 고전물리학이 많건 적건 영감을 얻은 익숙한 개념, 우리 일상에 인접한 개념이 단지 제한된 영역에서 타당하다는 사실이다. 한없이 작은 세계에 들어서면, 고전물리학 법칙과 개념이 설 자리는 완전히 없어진다.

 ZOOM ─────────────

물질처럼 빛도 입자로 구성되었다. 바로 '광자'다

아인슈타인이 '기적의 해'(1905년)에 발표한 첫 번째 논문은 〈빛의 생성과 변환에 대한 체험적 관점에 관해On a Heuristic Viewpoint Concerning the Production and Transformation of Light〉이다. 아인슈타인은 이 논문에서 빛은 사람들이 생각하는 것만큼 연속적인 현상이 아니라는 가설을 세운다. 빛은 빛 에너지 입자인 '양자'로 전달되기 때문이다. 양자는 20년 뒤에 '광자'라는 별칭을 얻는다. 아인슈타인은 이 가설 덕분에 1887년 하인리히 헤르츠Heinrich Rodolph Hertz가 발견한 광전효과의 특성을 정교하게 설명할 수 있게 된다. 광전효과란 푸른빛을 받은 빛 전도체는 다량의 전자를 방출하지만, 그 빛이 붉은빛이라면 아무리 빛이 강력해도 전자가 방출되지 않는 현상을 말한다. 두 빛 모두 똑같은 자연에서 나온 것이라 진동수가 달라도 전자기파로 구성된 것인데, 푸른빛과 붉은빛의 효과에 현저한 차이가 나는 것을 어떻게 설명할 수 있을까?

아인슈타인은 1900년 막스 플랑크Max Karl Ernst Ludwig Planck가 펼친 몇 가지 주장을 인용해서 두 가지 사항을 이해시킨다. 첫째, 몇 가지 측면을 고려할 때 빛은 파동이 아니라 작은 에너지 덩어리 '양자'로 구성된다. 둘째, 양자로 전달된 에너지는 빛의 색깔, 더 정확히 말하면 빛의 진동수에 좌우된다. 즉 푸른빛 속에 존재하는 양자는 붉은빛 속에 존재하는 양자보다 많은 에너지를 포함하는데, 이는 푸른빛의 진동수가 더 크기 때문이다.

그러면 광전효과는 어떻게 이해할 수 있을까? 빛 양자는 금속과 접촉할 때 자신의 에너지 일부 혹은 전체를 금속에 갇힌 전자에게 전달하고, 에너지를 받은 전자는 자유로워져 밖으로 튀어나온다. 물론 양자 에너지가 충분해야 한다. 푸른빛의 양자는 그런데 붉은빛의 양자는 그렇지 못한 것이다.

그래서 광자가설은 복사 진동수가 낮으면 전자를 방출하지 못하는 이유를 설명해준다. 광자가설은 빛과 미세한 물질 반응을 해명해주는 양자물리학의 출발점이다.

보어 모형에서 원자를 구성하는 전자는 어떤 법칙을 따를까?

1913년 닐스 보어Niels Henrik David Bohr는 원자가 완전히 독창적인 개체이고, 보이지 않는 신대륙이며, 이 신대륙을 탐험하면 새로운 물리학 법칙을 발견할 것임을 깨닫는다. 보어는 두 가지 대담한 가설을 기초로 혁신적인 원자모형을 제시하는데, 이 가설은 고전물리학의 범주에서 완전히 벗어났다.

첫째, 전자가 어떤 위치에서나 존재하는 것은 아니라는 가설이다. 몇 개 궤도가 허용되고, 다른 궤도는 존재할 수 없다. 정해진 에너지에 따라 각각의 궤도가 허용되고 규정된다. 그래서 원자 내 전자는 어떤 양의 에너지나 다 지닐 수 있는 것이 아니고, '양자화' 되었다.

둘째, 원자에서 비롯한 복사와 관련 있다는 가설이다. 닐스 보어는 전자가 (허용된) 궤도를 돌 때는 빛을 발하지 않는다고 가정했다. 고전물리학 법칙의 예상과 반대다. 그러나 전자는 갑작스레 한 궤도에서 에너지가 더 작은 다른 궤도로 건너뛸 수 있다. 이렇게 건너뛸 때, 전자는 처음 궤도와 나중 궤도 사이의 에너지 차를 빛 입자로 방출한다. 이 과정에서 일부 전자 에너지가 갑자기 빛으로 변한 것이다.

전자는 어떤 위치에서나 궤도를 지닐 수 없고 각 전자의 에너지는 이처럼 불규칙하게 배열된 궤도에서만 활기를 띠기 때문에, 원자가 방출한 빛의 복사 스펙트럼은 연속적이지 않다. 스펙트럼은 빛의 모든 진동수를 반영하지 않는다. 스펙트럼에는 특정한 선들이 보이는데, 전자가 한 허용 궤도에서 다른 허용 궤도로 옮겨 갈 수 있는 단계를 나타낸다. 이 선들은 빗살이 불규칙한 머리빗을 닮았다. 이런 스펙트럼을 '불연속(연속의 반대) 스펙트럼'이라고 부른다.

전자가 있을 수 있는 모든 궤도 중에서 에너지가 가장 작은 궤도가 한 개 존재한다. 이 말은 전자가 더 낮은 궤도로 내려갈 수 없다는 의미다. 이 궤도에서 전자는

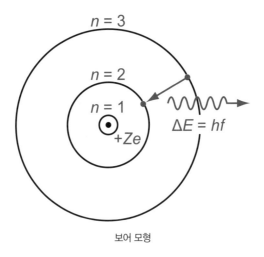

보어 모형

더 내려가 원자핵으로 뛰어들 수 없는데, 에너지를 전부 상실한 전자는 허용된 가장 작은 값보다 작은 에너지 상태로 있기 때문이다. 전자에너지가 가장 작은 이 특정 궤도를 우리는 전자의 바닥상태라고 부른다. 이 궤도가 원자 내 전자들이 원자핵으로 추락하지 못하게 막기 때문에 원자는 안정된 조직을 구성한다.

보어 모형의 한계

보어의 원자모형은 즉각 엄청난 성공을 거둔다. 과학자들이 점점 더 정교하게 측정한 덕분에, 원자가 방출하는 빛의 스펙트럼이 선 구조를 갖춘 까닭을 이해할 수 있었다. 그러나 일관성을 유지할 수 없었다. 보어의 주장과 달리, 원자 내부에 전자들의 정해진 궤도가 없다고 밝혀졌기 때문이다. 전자들에게 본래 의미의 궤도를 지정해줄 수 없다는 것이다. 오히려 전자들은 공간 속에 제각기 흩어진 듯 보였다. 결국 1920년대에 물리학자들은 보어 모형을 하나의 견해로 간직한다. 보어 모형은 원자 내 전자들은 몇몇 특정 상태에서 존재하고, 이 상태는 일반적인 궤도가 아니라 전자에 있는 에너지로 규정된다고 설명한다.

베르너 하이젠베르크Werner Karl Heisenberg가 따져보려고 한 것이 이 보어 모형이다. 하이젠베르크는 원자의 상태보다 원자가 빛과 상호작용 할 때 어떤 반응을 하는지에 관심을 두었다. 1925년 봄, 하이젠베르크는 관찰 가능한 물리량(예를 들어 원자가 방출하거나 흡수하는 빛의 진동수와 강도)만 가지고 원자를 묘사하고자 했다. 하이젠베르크는 이 물리량을 서술하기 위해 물리학에서 전혀 적용하지 않던 수학적 대상인 행렬을 사용한다. 행렬은 정사각형 혹은 직사각형의 숫자·문자 배열표다. 행렬은 아주 추상적으로 보일 수 있지만, 하이젠베르크에게는 허용된 서로 다른 에너지 상태의 전자 전이를 서술하는 여느 숫자들보다 잘 들어맞는 것처럼 보였다. 그리고 전자가 한 에너지 수준에서 다른 에너지 수준으로 이동하며 에너지 차를 광자(빛 입자)로 방출하는 것을 나타내기 위해 '양자 도약'이라는 새로운 개념을 도입한다. 그러나 이런 추상 개념에 의지하면 양자물리학을 가르치기 어려워진다. 실제로 하이젠베르크는 시공간 속에서 양자 도약이 어떻게 발생하는지 묘사할 수 없다고 설명한다. 양자 도약은 여느 표현 방식을 초월하고, 시각화할 수 없는 사건이다.

플랑크상수와 하이젠베르크의 불확정성원리

플랑크상수는 보편상수이고 'h'로 표시한다. 플랑크상수 값은 6.622×10^{-34}J/s다. 플랑크상수는 양자 세계의 상징과 같아서, 고전물리학이 지배하는 세계에서는 아무런 가치도 없다.

특히 플랑크상수는 하이젠베르크의 '불확정성원리'를 진술하는 데 한몫한다. 불확정성원리를 한마디로 요약하면, 한 입자의 위치와 속도를 동시에 알 수 없다는 것이다. 이 말에는 이론의 여지가 있다. 이 진술이 입자의 정확한 위치와 속도가 존재하지만, 두 가지를 동시에 알 수 없다는 것을 암시하기 때문이다. 그래서 부정확한 표현이다. '불확정성원리'보다 차라리 '불명확성원리'라고 말하는 것이 나을 것이다.

입자의 위치와 속도를 동시에 측정하는 것이 불가능하다고 말하기보다, 한 입자는 이 두 특성을 동시에 가지지 못한다고 말하는 것이 하이젠베르크의 원리를 설명하는 데 좋은 방식이기 때문이다. 양자물리학에서 입자는 거의 점이라고 할 수 있는 아주 작은 공이지만, 측정될 수 있는 위치와 속도를 동시에 지닌 작은 물체처럼 모습을 드러내지 않기 때문이기도 하다. 서로 얽혀서 주어진 입자는 이 두 특성을 동시에 띨 수 없다. 궤도 개념에서는 궤도 지점마다 입자의 위치와 속도를 알 수 있다고 가정하는데, 그 의미는 거의 사라졌다. 우리가 왜곡해서 해석하는 것과 반대로, 하이젠베르크의 불확정성원리는 우리의 지적 능력에 따른 제한을 받지 않는다. 즉 하이젠베르크가 거론하는 불명확성은 실험 장치의 불완전함과도, 측정 능력의 한계와도 관련이 없다. 이 불명확성은 측정 작업이 부정확하거나 불안정하게 반영되어 생긴 결과가 전혀 아니다. 양자적 범주에서 위치나 속도를 원하는 만큼 정밀하게, 고전물리학처럼 정확하게 측정할 수는 있다. 단지 이런 측정은 동시에 실행될 수 없다. 고전물리학은 입자가 위치와 속도를 동시에 지닌다고 가정하지만, 양자적 범주의 입자는 고전물리학에서 말하는 입자가 아니기 때문에 동시 측정이 불가능하다. 따라서 위치 측정을 할지, 속도 측정을 할지 선택해야 한다.

사실 입자를 측정하지 않으면, 입자는 정해진 위치나 속도를 지니지 못한다. 괴상하다고 여길 수 있겠지만, 입자는 측정할 때만 속도나 위치를 지닐 수 있다. 그런데 똑같은 상황에서 준비된 입자들의 위치를 측정하고 묘사하더라도 입자들은 매번 같은 결과 수치를 나타내지 않을 것이다. 이 입자 저 입자 서로 다르게 나온 결과 수치는 모두 평균치로 배분될 것이다. 결과 수치가 통계적으로 '흩어진' 것이다. 속도를 측정해도 마찬가지다.

예를 들어 물리적 상태가 모두 같은 엄청난 수의 전자를 준비했다고 가정하자. 그중 절반의 위치를 측정하자. 측정치는 가지각색이고, 분명 평균치 주변에 분산되었을 것이다. 다음에는 나머지 절반의 속도를 측정하자. 이 측정치도 평균치 주변에 분산되었을 것이다. 이런 상황을 염두에 두고 하이젠베르크의 불확정성원리가 말하고자 하는 것은 무엇일까? 하이젠베르크의 불확정성원리는 속도 값의 분산에 따라 위치 측정치가 분산돼 나타나는 결과물이 결코 무가치할 수 없다고 진술한다. 당연히 어떤 수로 나눠지는 플랑크상수보다 우위에 있거나, 플랑크상수와 동등한 가치를 지닌다는 것이다.

하이젠베르크의 불확정성원리는 플랑크상수를 매개로 삼는데, 고전적 개념의 입자로는 표현할 수 없다. 고전적 개념과 거리가 한참 멀다.

원자를 그릴 수 있나?

"꿈은 잠자면서 꿔라. 낮에는 시간이 없으니까."

로베르 데스노스Robert Desnos[2]

요컨대 현대물리학은 원자를 생생하게 나타내지 못한다. 오늘날에는 원자모형을 언급하지 않는데, 원자 모양을 그릴 수가 없기 때문이다. 유일하게 받아들일 수 있는 원자의 묘사 방식은 수학적 상징 용어를 사용하는 것이다. 직관적으로 형상화하는 것이 쓸데없고 무의미한 추상적 형식주의의 도움을 받으면서 말이다. 양자물리학 때문에 원자를 명확하게 표현하는 것이 가치를 잃은 반면, 물리학 세계를 아주 잘 이해하게 되었다. 실제로 양자적 형식주의는 미시 세계를 관찰하거나 측정할 때 극도로 정확하게 예측할 수 있게 해주고, 어떤 실험도 실패로 돌아갈 수 없을 만한 예측 능력도 갖게 해준다.

그러나 체념하고 받아들여야 할 것이 있다. 양자적 대

---

2 프랑스 시인이자 소설가.

상은 종전의 어떤 것도 흉내 낼 수 없는 기이한 반응을 한다는 점이다. 이 반응을 이해하려면 우리가 가진 습관적 견해를 버리는 것이 좋다. 물리학적 대상을 시각적으로 표현하려는 노력도 포기해야 한다. 쉴 새 없이 움직이는 원자핵은 우리가 자주 표현 대상으로 삼던 정지 상태의 나무딸기[3]와 아무런 유사점이 없다. 그리고 원자핵 주위를 소용돌이치듯 도는 전자는 자주 그림으로 표현되는 그런 궤도를 지니지 않는다. 전자는 여느 묘사처럼 촘촘하게 분포된 희미한 구름과 닮지 않았고, 오히려 정말로 궤도가 없구나 하고 느끼게 해줄 정도다. 전자는 균일화한 외부 원형질이 아니기 때문이다. 파장이 아주 짧은 빛을 사용해서 전자의 위치를 측정하면 한 점한 점 완벽하게 위치가 정해졌음을 발견하겠지만, 동일한 원자를 다시 측정하면 그때마다 전자의 위치가 다르게 측정될 것이다. 따라서 전자구름은 전자의 형태도, 일명 '모호한' 궤도도 전혀 나타내지 못한다. 전자구름은 전자를 발견할 가능성이 통계적으로 현저한 공간 부

---

[3] 원자핵이 나무딸기 크기라고 할 때 전자와 거리가 얼마나 먼지 비유적으로 표현한 것.

위를 묘사해줄 뿐이다.

그러면 적당한 전자의 형상이 없을 때 무엇을 이해한다고 말할 수 있을까? 어떻게든 믿고 싶어 하는 사람들은 형상, 예시, 도식과 같이 꼭 뒤따라오는 빨판상어[4]들이 없어졌기 때문에 크게 실망할 수밖에 없다. 그러나 통찰력이 있으면 어떤 형상이 가리키고 표현하는 것을 반박하고 넘어설 수 있다는 사실에 감탄하는 사람들에게 이것이 오히려 매력이 될 수 있다. 형상을 상실했다고 모든 것을 상실한 것은 아니기 때문이다. 양자물리학이 놀라운 예측 효력을 발휘한 것은 추상적인 사고 덕분이라는 점을 인정해야 한다. 즉 선험적으로 전해져온 자연 지침과 표현이 없어졌다 해도, 과학적 사고는 특별히 수학을 사용한 덕분에 여전히 창의력과 정확성을 확보한다.

시각적인 것과 직관적인 것에서 벗어난 형식주의라는 격리 방식은 미묘하고 대담하게 수학을 자기 것으로 삼았다. 이런 상황은 상당히 독창적인 것이다. 물리학

---

4 빨판을 이용해 상어처럼 큰 물고기 주둥이 아래쪽에 붙어서 이동하거나 먹다 남은 찌꺼기를 받아먹는 물고기.

자들은 19세기 내내 '거대한 우주 기구'라고 믿는 것을 관측해왔고, 가능한 한 정밀한 방식으로 그것의 모습을 찾아낼 계획을 세웠다. 물론 이 시기 물리학자들이 밝혀낸 현상이 겉으로 감지할 수 있는 것과 항상 일치하진 않았지만, 철저하고 일관성 있는 지적 표현이 되기는 했다. 속도와 가속도, 온도 같은 수학적 개념은 갈릴레이와 뉴턴Isaac Newton을 비롯한 몇몇 학자들의 영웅적인 노력 덕분에 이론화될 수 있었고, 곧이어 자연계의 모든 모습과 더불어 상식으로 자리 잡았다. 그런데 명확히 말해서 양자물리학이 이 안락함을 깨뜨렸다. 양자물리학이 등장하면서 그동안의 지식이 실제 모습과 다른, 잘못된 확신이었음이 드러난 것이다.

원자를 '볼' 수 있나?

"멀리 있어서 가장 좋은 점은 은유의 주인이 되는 것이다."
아리스토텔레스

방금 우리는 어떤 형상으로도 양자적 대상을 표현할 수 없다고 언급했다. 그렇다면 원자나 입자를 전혀 볼 수 없다고 말해야 하는가? 아니다. 다만 '보다'라는 것의 의미를 어떻게 받아들이느냐에 달렸다. 물리학자들은 최근 진전된 기술 덕분에 원자가 발산하는 빛을 검출해서, 원자를 거시적 물체로 '볼' 수 있게 되었다.

한 물체를 바라볼 때 우리 눈은 무엇을 하고 있을까? 우리 눈은 광원(햇빛이 가장 흔하다)이 방출한 광자를 수집하는데, 광자는 물체의 여러 면모를 반영한다. 뒤이어 광자가 전달한 정보를 우리 뇌가 처리해 물체의 상을 재현한다. 물체를 보기 위해 물리학자들도 마찬가지 방식을 취하지만, 햇빛이나 전등 빛보다 레이저 빛을 사용하는 점이 다르다. 레이저 빔으로 자극하면 원자는 사방으로 광자를 발산한다. 이 광자를 적합한 광학기구로 모은 다음, 매우 민감한 광 검출기로 검출한다. 그러면 원자는 밝고 작은 점처럼 보이고, 이 점의 지름을 레이저 빔 빛의 파장으로 측정하면 $\mu m(10^{-6}m)$ 차원이 되는데, 즉 원자 크기$(10^{-10}m)$보다 1만 배 크다. 이렇게 관측했다고 해서 원자의 구조에 대한 정보를 얻는 것은 아니고(원자핵의 존재는 분간조차 할 수 없다), 원자의 평균 위치 정보를 알 수 있을 뿐이다. 그래도 원자를 따로따로 구별하기에는 충분하다(몇 가지 조건 안에서). 즉 원자를 전자기장이라는 섬세한 환경 속에 집어넣으면,

한두 개나 여러 개 원자를 떼어내 꼼짝 못하게 할 수 있다. 이런 덫에서 원자들은 서로 몇 μm 정도 떨어져 있는데, 원자들이 발산하는 빛을 검출하면 원자들을 개별적으로 관측하고 세고 움직임까지 추적할 수 있다.

고체 속 원자들은 수십 μm(10^{-10}m) 차원으로 떨어져서, 광학적으로 분간하기에는 너무 작다. 그래도 전자현미경을 사용하는 조건이면, 다시 말해 레이저 빛을 파장이 훨씬 더 짧은 전자빔으로 대신하면 고체 속 원자들을 관측할 수 있다.

그러니까 적어도 원자 세계는 거시 세계와 한 지표를 공유한다. 바로 우리와 물체의 상호작용이라는 간접적 수단으로 물체를 '시각화'하는 지표다. 그렇다고 해서 두 세계가 같은 법칙을 따른다고 결론지어서는 안 된다. 사실 미시적 규모에서 물질은 매우 들떠 있고, 우리가 외부에서 탁자나 자갈 같은 사물을 바라볼 때 전혀 짐작하지 못하는 갑작스런 변화를 겪는다. 이 소우주 무대에서 가장 작은 요소들이 우리가 모르는 힘의 지배를 받는 것일까? 그렇다면 이 힘의 본질은 무엇이고, 어떻게 작용할까?

한 세기 지나 방사능을 발견하면서, 물리학자들은 처음으로 미시 세계 중심부에 불쑥 나타난 알지 못하던 힘의 위력을 대면했다. 그리고 방사성물질에서 생긴 다양한 복사의 원인을 이해하고, 완전히 새로운 세상, 요동치고 격렬하며 매혹적인 미시 세계를 발견할 수 있었다. 그것은 급격한 대혼란이었다. 이제 우리는 잠시 한숨을 돌린 다음, 입자 세계가 연구자들에게 어떻게 드러났는지 그리고 입자 세계를 지배하는 놀라운 법칙은 무엇인지 이해할 수 있도록 물리학의 핵심 시기의 이야기를 자세히 소개할 것이다.

$$M_e = \sigma T^4$$
$$+V_\psi = E\psi \qquad \phi_e = \frac{L}{4\pi r^2} \qquad \frac{\Delta\psi}{2\pi} = \frac{\Delta x}{\lambda_1} = \frac{x_2 - x_1}{\lambda} S_2 \qquad v = c/\lambda$$

$$E = \hbar\omega \qquad k = \frac{1}{4\pi\varepsilon_0\varepsilon_r} \qquad F_m = BI\ell =$$

$$E = k\frac{q_1 q_2}{r^2} \quad U = \frac{W_{AB}}{q} = \frac{|E_{PA} - E_{PB}|}{q} \qquad X_L = \frac{U_m}{I_m} = \omega L = 2\pi f L \qquad F_g =$$

$$\sqrt{2} \qquad v = \frac{\omega h}{2\pi r m_e} \qquad \varphi_E = \frac{E_c}{q_0} = k\frac{q}{r^2} \, \varphi \quad T = \frac{4 n_1 n_2}{(n_2 + n_1)^2}$$

$$m = N \cdot m_0 \qquad \frac{M_m}{N_A} \qquad E = \frac{E_c}{q} \int^{+a/2} \sin(\omega t + \phi) dy$$

$$v_0 = \frac{M_m}{N_A} = \frac{M_r \cdot 10^{-3}}{N_A} \qquad \ell_t = \ell_0 (1 + \alpha \Delta t) \qquad I = \frac{U_e}{R + R_i} \qquad \omega = 2$$

$$U m_e \qquad R = \rho\frac{\ell}{S} \qquad \boxed{E = mc^2} \qquad \frac{\sin\alpha}{\sin\beta} = \frac{v_1}{v_2} = \frac{\omega_2}{\omega_1} \quad v = \frac{1}{\sqrt{\varepsilon \cdot \mu}}$$

$$\psi_{(x)} = \sqrt{2/L}\,\sin\frac{n\pi x}{L} \qquad E = \frac{1}{2}\hbar\sqrt{k/m} \qquad \beta = \frac{\Delta I_c}{\Delta I_B} \qquad \phi_e = \frac{\Delta E}{\Delta t}$$

$$\mu \iint \vec{J} d\vec{s} \qquad \vec{S} = \frac{1}{\mu_0}(\vec{E} \times \vec{B}) \qquad \oiint \vec{D} d\vec{S}$$

$$\frac{3kTN_A}{M_m} = \sqrt{\frac{3R_m T}{M_R \cdot 10^{-3}}} \quad E = \frac{\hbar k^2}{2m} \qquad 1\,pc = \frac{1\,AU}{r}$$

$$F_h = Sh\rho g \qquad f_0 = \frac{1}{2\pi\sqrt{CL}} \quad \sigma = \frac{Q}{S} \quad M = \vec{F}\vec{d}\cos\alpha$$

$$\cos\vartheta_1 \cos\vartheta_2 \qquad \oint \vec{E} d\vec{l} = -\iint \frac{\partial\vec{B}}{\partial t} \cdot d\vec{S} \quad P = \frac{E}{t} = \frac{hf}{\lambda}$$

$$\frac{d\omega}{dt} \qquad \oint_{C(s)} \vec{H} d\vec{l} = \iint_S (\vec{J} + \frac{\partial D}{\partial t}) \cdot dS \qquad \phi = mc\Delta t$$

"한 여성이 두 사람을 위해 과일 샐러드를 1인분만 주문하면,
그녀는 원죄를 조금 씻는 셈이다."

—

라몬 고메스 데 라 세르나Ramón Gómez de la Serna[1]

1 스페인 문학가. '그레게리아Greguerías'라는 단문 글쓰기 형식을 만든 것
으로 유명하다.

1896년 어느 날, 앙리 베크렐Antoine Henri Becquerel이라는 프랑스 물리학자가 자신이 찾고자 한 것과 완전히 다른 것을 발견했다. 덕분에 그는 지금까지 진정한 탐구자 반열에 올랐다.

방사능을 어떻게 발견했나?

당시에는 눈에 보이지 않고 물질을 관통하는 X선이 주된 의문의 대상이었다. X선은 독일의 물리학자 뢴트겐Wilhelm Conrad Röntgen이 발견했다.

X선 발견은 커다란 반향을 일으켰다. X선 덕분에 신체 내부의 **뼈**를 볼 수 있었기 때문이다. 베크렐은 빛을 받다가 중단된 뒤에도 계속 광선을 발산하는 몇몇 물질의 인광이라는 현상에 관심을 두었다. 베크렐은 '인광 물질이 본래의 빛 외에 수수께끼 같은 X선도 내보내는

것이 아닐까?' 생각해보았다.

인광과 X선 복사는 분명 같은 현상에 공존하는 두 가지 모습이 아닐까?

베크렐은 이 점을 확실히 하기 위해 칼륨과 우라늄의 화합물이 들어 있는 인광 소금을 선택했다. 이 소금을 검은 종이 두 장으로 싼 건판 위에 놓고, 여러 시간 동안 햇빛에 충분히 노출했다. 1896년 2월 24일이었다. 베크렐은 건판의 종이를 풀었고, 건판 위에서 인광 물질의 검은 윤곽을 발견했다. 인광 소금에서 발산된 광선 일부가 검은 종이를 관통해 건판에 감광된 것이다.

X선이 관련된 것일까?

진짜 사건은 나중에 일어났다. 며칠이 지난 3월 1일, 파리는 날씨가 흐렸지만 베크렐은 서랍 깊숙이 넣어둔 다른 건판을 살펴보고 싶은 호기심이 생겼다. 그런데 그 건판도 검어진 상태였다. 이전에 햇빛에 노출된 적이 없는데도 보이지 않는 광선이 발산돼 감광된 것이다.

그 건판에는 인광과 관련한 물질이 없었는데, 보이지 않는 광선의 세기는 시간이 지나도 줄어들지 않고 계속 쏟아져 나왔다.

베크렐은 3월 중순에야 인광성이 없는 우라늄염도 광

선을 내뿜는다는 것을 발견했다.[2] 의혹이 짙어진 것이다. 그때 베크렐은 확신했다. 이번 결과는 근본적으로 새로운 것이고, 우라늄염에 든 우라늄 성분에 의해 생겼으며, 이 순수한 금속이 화합물일 때보다 강한 효과를 발휘할 것이라고 추측했다. 경험을 통해 추측을 확실히 했다. 이 신기한 광선의 출처는 우라늄뿐이었다.

이 사건에서 햇빛은 검토 대상이 전혀 아니었다.

인광도 관련이 없었다. 그저 자연 발생적이고, 외부 요인이 전혀 없는 듯 보이는 현상이었다.

특종 가운데 특종이었다. 특정 물질이 자연 발생적으로 광선(에너지)을 발산한다면, 그 물질은 변화 중에 있다는 말이 된다. 우라늄에서 '아주 특별한 무엇이 항상 발생하는' 것인데, 당시 물리학 법칙으로는 이해할 수 없는 일이었다. 두 가지 의문이 머리에서 떠나지 않았다. 우라늄에서 발산된 광선은 어떻게 만들어진 것일까 하는 점과, 우라늄은 광선과 더불어 계속 발산하는 에너지를 어디에서 끌어올까 하는 점이었다.

---

2 전에 서랍 속 건판 위에 우라늄염을 종이에 싸서 올려놓은 것이다.

방사능은 정확히 무엇인가?

"나는 세상 사람들이 의사, 창녀, 선원, 암살자, 백작 부인,

고대 로마인, 음모자, 폴리네시아인이 살아가는 방식을

모두 알아야 한다고 생각하지 않는다. 그런데

우리가 어떻게 살아가든 물질을 변환할 수는 없다."

프리모 레비Primo Levi[3]

거의 모든 과학자들이 남성이던 시절, 폴란드 출신 젊은 여성이 엄청난 쾌거를 이뤘다. 이름은 마리아 스쿼도프스카Maria Skłodowska다. 1891년 학업을 위해 파리 소르본대학Université de la Sorbonne으로 왔는데, 당시 폴란드 대학은 젊은 여성을 받아들이지 않았기 때문이다.

마리아 스쿼도프스카는 4년 뒤 실험실 지도 교수 피에르 퀴리Pierre Curie와 결혼해 마리 퀴리Marie Curie가 되었다. 1898년 퀴리는 우라늄이 내뿜는 신비한 광선을 주제로 삼아 박사 학위논문을 쓰기로 결심했다. 퀴리

---

[3] 유대계 이탈리아 화학자이자 작가. 아우슈비츠Auschwitz에서 기적적으로 살아남은 뒤 그때의 체험을 글로 남겨 명성을 얻었다.

는 원자가 있다는 것을 확고하게 믿었지만, 당시 많은 프랑스 물리학자는 원자를 무익한 가설의 대상 혹은 직접 관측해서 증명할 수 없는 무의미한 대상으로 이해했다. 얼마 지나지 않아 퀴리는 역청우라늄석처럼 우라늄을 포함한 무기물이 우라늄보다 많은 광선을 내뿜는다는 사실을 알아냈다. 퀴리는 이런 사실을 통해 이 무기물이 아주 적은 양이지만 우라늄보다 훨씬 강력한 성분을 숨기고 있다고 결론지었다.

퀴리는 남편의 도움을 받으며 악착스럽게 작업한 끝에, 이 성분을 분리하는 데 성공했다. 퀴리는 이 성분을 보면서 라듐[4]이라는 이름을 생각해냈다. 이 기회를 이용해 '방사능'[5]이라는 명칭도 고안했고, 이 명칭은 곧 세계적으로 유명해졌다.

라듐은 이름값을 한다. 방사선을 내뿜고, 그 정도가 총량으로 따지면 우라늄보다 140만 배 많기 때문이다.

---

[4] 방사선을 의미하는 라틴어 'radius'에서 따옴.
[5] 방사선을 방출하는 일이나 성질을 뜻하며, 프랑스어로 '라디오악티비테'라고 부른다.

이런 이유로 라듐은 연구자들뿐만 아니라 대중까지 매료했다. 사람들은 라듐 방사선이 정력과 유사한 경이로운 효능이 있다고 간주했다. 몇몇 신문은 라듐 방사선이 암과 결핵을 억제하고, 발기부전과 고혈압을 치료하며, 발바닥 무사마귀를 제거하고, 탈모를 멈추게 할 수 있다고 떠들어댔다…. 라듐 방사선이 약간의 기대를 충족하긴 했다. 그러나 (환상을 품은) 환자들에게는 다행히도 지나친 열광은 오래가지 않았다. 라듐은 병을 치료할 수 있지만, 모든 병을 아무렇게나 치료할 수 있는 것은 아니다. 피에르 퀴리는 노벨 물리학상 수상식에서 "라듐이 범죄자의 손에 들어가면 아주 위험해질 수 있다는 점을 인식해야 한다"고 경고하면서도 낙관적으로 결론을 내렸다. "나는 인류가 새롭게 발견한 것에서 악보다 선을 끌어낼 것이라고 생각하는 사람 중 하나다."

그러나 단계를 뛰어넘지는 말자. 아직 방사능이 실제로 무엇으로 구성되었는지 말하지 않았다. 방사성물질이 주변에 내뿜는 방사선의 본질은 무엇인가? 방사성물질은 에너지를 어디에서 끌어올까? 자기 자신에게서, 아니면 외부에서? 이 문제가 머리를 아프게 했다. 방사능에서 비롯한 방사선이 곧바로 지각되지 않아서 더욱그랬다. 보이지도, 들리지도, 냄새가 나지도 않아서 연구하기 힘들었다.

그런데 곧이어 상당수 방사선이 양전하를 띠고, 물질로 아주 쉽게 차단된다는 사실이 드러났다. 이것을 '알파 방사선'이라고 부른다.

어떤 방사선은 투과력이 세고 음전하를 띠었으며, 자석이 만든 자기장으로 쉽게 방향을 바꿀 수 있다. 이것을 '베타 방사선'이라고 부른다.

또 어떤 방사선은 투과력이 극도로 세고, 아무 전하도 띠지 않아서 자기장으로 방향을 바꾸기가 힘들며, 역시 검출할 수 있다. 이것을 '감마 방사선'이라고 한다.

알파, 베타, 감마 이렇게 세 가지 방사능이 존재한다.

방사선은 어디에서 나올까?

방사능 발견이라는 중대한 사건 이후, 이야기는 훨씬 더 다양해지고 흥미로워진다. 몇 년 뒤 사람들의 편견이 모두 깨졌다. 물리학자들은 물질을 완전히 새로운 시선으로 바라보았고, 물질을 참신한 개념으로 묘사하려 했다.

앞에서 말했다시피 우선 물리학자들은 물질을 구성

하는 원자를 데모크리토스의 머릿속 생각으로는 아무 것도 파악할 수 없음을 깨달았다. 방사능 발견이 엄청난 반전이 된 것이다. 그때까지 물리학자들은 물질이 변하지 않는다고, 원자가 존재한다면 당연히 불멸할 것이라고 확신했다. 물리학자들은 이런 믿음이 영원한 진실이 아니라는 점을 충격적으로 받아들였다. 많은 원자들이 '생생하게 살아 움직이고', 본성과 질량, 물리적 특성이 변할 수 있다. 원자는 나이도 있고 소멸한다. 원자도 세월이 지나면 되돌릴 수 없는 상태로 변한다.

러더퍼드가 실험을 하고 겨우 2년 뒤인 1913년, 닐스 보어가 또 하나 중대한 발견을 했다. 원자 그 자체나 전자가 아니라 원자핵이 방사능을 책임진다는 것이다.

원자 주변을 도는 전자는 화학반응에 관여할 뿐이다. 예를 들어 한 원자의 전자는 다른 원자의 전자와 상호작용 해서 분자 내 여러 원자를 연결한다. 화학결합이 일어나는 것이다. 그러나 방사능에는 전혀 관여하지 않는다. 방사능은 몇몇 원자핵이 특정 시간이 지나 다른 원자핵으로 변하고, 이 변화로 인해 방사선이나 입자가 방출되는 것을 말한다. 이것이 물질의 '변환'이다.

그런데 어떤 원자핵은 왜 자발적으로 붕괴가 일어날

까? 당연히 원자핵이 불안정하기 때문이다. 좋다. 그렇다면 왜 불안정할까?

원자핵이 너무 많은 에너지가 있기 때문이다. 이때 하나의 시스템은 과잉 에너지를 처분하려는 성향이 있다. 우리는 뉴턴과 뉴턴의 사과를 기억한다. 사과는 떨어지는 순간에 출발 에너지('잠재적 에너지') 일부를 운동에너지로 변환한다. 사과가 땅에서 정지하면 운동에너지는 없어지고, 사과의 잠재적 에너지는 떨어지기 전보다 작아진다. 고도가 낮아져 낙하가 끝나고, 잠재적 에너지가 작아지면서 사과는 더 안정된 상태가 된 것이다.

방사능도 조금은 비슷하다. 중력이 아니라 훨씬 더 강한 힘인 핵력, 즉 원자핵의 구성 요소를 연결하는 힘이 작용한다는 점이 다르다.

결국 방사능은 원자핵이 자신의 과잉 핵에너지를 배출하려다 찾은 수단이다. 방사성 원자핵은 입자를 방출하면서 다른 원자핵으로 변하는데, 그렇게 만들어진 물체의 총 질량은 원래 원자핵 때보다 작아진다. 이 과정에서 질량이 사라진 것이다. 그렇다고 질량이 소멸된 것은 아니다. 우리는 이 질량을 원자핵 변환으로 생긴 입자들이 가지고 나가는 에너지 형태로 발견한다. 이것이 바로 1905년 아인슈타인이 언급한 것이다. 에너지와 질량은 등가이고, $E = mc^2$의 관계가 있다고.

물리학자들은 1930년대에 모든 원자핵은 '핵자'(핵의 구성 요소)라고 부르는 입자인 양성자와 중성자로 구성되었다는 사실을 받아들인 뒤에야 방사능의 존재를 명확히 이해할 수 있었다. 양성자와 중성자는 아주 복잡한 관계를 유지한다. 양성자들은 양전하를 띠는데, 같은 전하의 전기력이어서 서로 밀어낸다(척력). 그런데도 양성자들이 서로 아주 가까이 있다면 원자핵 내부에 어떤 요인이 작용하기 때문이다. 그 요인이 아주 강력한 핵력이고, 핵력은 양성자들이 공존할 수 있게 해준다. 중성자는 전하를 띠지 않는다. 마찬가지로 핵력의 영향을 받아서 다른 중성자 양성자와 결합되었다.

상황 발생은 간략하다. 양성자와 중성자가 숫자상으로 핵력과 척력이 상쇄되는 상태라면, 원자핵은 안정된다. 반대로 양성자와 중성자가 숫자상으로 핵력과 척력의 균형을 이루지 못한다면, 이때 원자핵은 방사능을 띤다. 원자핵 내 힘의 불균형이 클수록 더 짧은 시간에 분열이 일어난다.

알파 방사능의 경우를 보자. 알파 방사능은 이름 그대로 두 양성자와 두 중성자로 견고하게 얽힌 알파입자가 방출되는 것을 말한다.

양성자와 중성자가 동시에 너무 많아서 불룩한 배처럼 된 원자핵이 과잉 분량을 알파입자로 방출하면 그것이 알파 방사능이다. 방출된 알파입자 내 두 양성자와 두 중성자는 본래 원자핵에 있을 때보다 강하게 결합한다.

베타 방사능은 원자핵에 중성자가 너무 많을 때 발생한다. 원자핵은 전자를 방출하면서 더 강하게 응집한다. 처음에는 이 현상을 설명할 수 없었다. 원자핵이 전자를 가진 것도 아닌데, 어떻게 전자를 방출할 수 있을까? 중성자가 많아 부풀어 오른 원자핵이 하면 좋을 가장 간단한 일은 자발적으로 하나 혹은 여러 개 중성자를 내보내는 것이 아닐까?

그렇지 않다. 이런 과정은 에너지 관점에서 채산이 맞지 않는다. 새롭게 생긴 원자핵과 방출된 중성자는 처음 원자핵보다 에너지가 많을 것이기 때문이다. 따라서 중성자가 너무 많은 원자핵은 더 능란한 기법을 사용하지 않으면 안 된다. 원자핵은 자신의 중성자 중 하나를 양성자로 변환하는데, 이 양성자는 원자핵 내부에 그대로 남는다. 이것이 중성자의 베타 핵분열이다. 이 핵분열을 통해 원자핵 속의 양성자 수가 한 개 증가하고(Z가 $Z+1$이 된다), 그 결과 원래 원자핵일 때의 화학원소가 변경된다. 중성자가 양성자로 변환되면, 이전에 존재하지 않던 전자 한 개가 창조되고, 이 전자가 원자핵에서 나온다. 그런데 전자를 지니지 않는다고 여기는 원자핵에서 전자가 나오는 모습이 이상하지 않은가? 우리는 치약을 튜브에서 짤 때 치약이 나오기 전에 튜브 안에 들었음을, 달리 말해 치약이 나오기 전에 존재함을 의심하지 않는다. 양치질하는 아침 시간의 선입관은 미시적 차원에서 타당성을 상실한다. 원자핵은 입자가 방출되기 전에 가지고 있지 않던 입자를 잘도 방출한다.

감마 방사능은 몇몇 원자핵이 감마선을 방출하는 것을 말한다. 햇빛과 같은 자연계의 복사로 생기고, X선보다 에너지가 훨씬 크다. 감마선은 여느 빛과 유사하지만, 진동수가 아주 높아서 우리 눈으로는 알아낼 수 없다. 우리는 감마선을 볼 수 없다. 일반적으로 감마선은 알파선이나 베타선이 방출된 뒤에 방출된다. 처음 상태의 원자핵이 분열할 때 과잉 에너지가 모두 배출되는 것이 아니다. 최종 상태의 원자핵은 내보낼 약간의 에너지(감마선)를 아직 가지고 있다. 감마선 배출 과정에서는 원자핵의 양성자와 중성자 구성에 변함이 없어서, 알파 방사능이나 베타 방사능 때와 다르다. 관련 화학원소도 그대로인데, 양성자 수가 특정 화학원소를 규정하기 때문이다.

화학원소란 무엇인가?

모든 원자핵은 핵자인 양성자와 중성자로 구성되었다. 양성자는 양전하를 띠기 때문에 전자전하와 정반대다. 중성자는 전하를 띠지 않는다.

원자핵의 양성자 수를 원자번호라 부르고, 'Z'로 표기한다. 중성자 수는 'N'으로 표기한다. Z+N을 질량수라 부르고 'A'로 표기하며, 원자핵 내부의 총 핵자 수를 나타낸다.

본래 상태인 중성원자에서 원자핵 주위의 전자 수는 원자핵의 양성자 수, 즉 원자번호 Z와 같다. 원자번호는 같은 양성자 수(같은 원자번호)를 포함하는 원자는 모두 화학적 특성이 같다는 사실로 인해 특유의 중요성이 있는데, 양성자들이 같은 수의 전자로 둘러싸였기 때문에 특성이 같은 것이다. 양성자 수에 따라 화학원소가 지정된다. 수소 원소의 원자는 양성자가 한 개, 황은 16개, 철은 26개, 은은 47개, 우라늄은 92개다. 각각의 화학원소는 정식 원자번호가 있으며, 멘델레예프 주기율표에 자리 잡는다. 화학원소는 주기율표에서 저마다 원자번호를 달고 순서대로 배치된다. 수소 원소는

1번(Z=1), 헬륨은 2번(Z=2), 리튬은 3번(Z=3), 베릴
륨은 4번(Z=4), 붕소는 5번(Z=5) 등.

멘델레예프Dmitry Ivanovich Mendeleev는 1869년부터 화
학원소의 여러 특성이 원자번호와 함께 주기적으로 변
한다는 사실에 주목했다. 그래서 멘델레예프는 원소를
한 줄로 정리하지 않고, 18개씩 5줄로 배치해 표를 만들
었다. 멘델레예프는 이 표에 빈칸을 남겨두었는데, 나
중에 다른 화학원소가 발견되어 채워질 것이라고 예측
했기 때문이다. 중요한 점은 같은 족(세로줄)의 모든 원
자는 비슷한 화학적 특성을 나타낸다는 것이다. 예를
들어 1족의 리튬(Z=3), 나트륨(Z=11), 칼륨(Z=19)은
화학적으로 아주 비슷하다. 이것을 어떻게 설명할까?
물론 1족의 모든 원자가 같은 수의 전자를 지니는 것은
아니지만, 가장 바깥쪽 껍질에는 똑같이 이른바 '원자
가'가 되는 전자가 한 개만 있다. 이 원자가 전자만 다른
원자와 화학반응을 할 수 있다. 그렇기 때문에 리튬, 나
트륨, 칼륨의 화학반응이 비슷하다.

방사능은 어떻게 전개될까?

어쨌든 의문이 제기된다. 방사능이 발생시킨 방사선은 어떤 변화를 거치며 방출될까?

앞에서 변환은 자발적으로 외부 요인 없이 일어난다고 말했다. 그러나 '자발적으로'라는 말이 '당장'을 의미하지는 않는다. 방사성물질 덩어리 내부에서 변환은 '방사성 주기(반감기)'라고 부르는 특유의 지속 기간에 따라 전개된다. 이 용어는 그다지 적절하지 않은데, 가을이면 낙엽이 지거나 세금을 정기적으로 내는 것처럼 방사능이 시간상으로 주기적인 현상이라는 의미를 약간 함축하기 때문이다. 그런데 전혀 그렇지 않다. 방사능에는 어떤 순환적 현상도 존재하지 않는다. 이 문제는 넘어가자. 의미를 따지는 것은 우리 관심사가 아니다.

좀 더 정확히 반감기란 무엇인가? 수가 아주 많고 모두 동일한 방사성 원자 집단을 상상해보자. 이 집단의 주기는 지속 기간을 말하고, 지속 기간이 다 되면 처음 집단을 구성하던 원자 절반은 다른 원자로 변환된다. 두 번째 주기 후에는 남아 있던 집단(아직 분열되지 않은 방사성 원자)이 새롭게 두 부분으로 나뉘어, 처음 집단의 1/4만 남는다. 이런 식으로 계속되어 연속적으로 감소하는데, 전문가들은 '지수함수적'으로 감소한다고 말한다. 주기가 상당한 횟수로 반복되면서 시간이 지나면 처음 원자들은 다 사라진다.

이 변화에서 주목할 것은, 주어진 방사성 원자의 반감기는 원자의 화학적·물리적 환경과 완전히 무관하다는 점이다. 당신은 방사성 원자를 용접기로 가열할 수도, 거칠게 흔들 수도, 소다수나 산성용액에 담글 수도, 전자를 떼어낼 수도 있지만, 방사성 원자의 반감기는 전혀 변하지 않는다. 반감기는 원자핵의 본질적 특성이라 원자핵 주위에서 일어날 수 있는 모든 일, 특히 전자의 활동과 무관하다.

방사성 원자의 궁극적인 특성은 개별적으로 소멸하고야 만다는 점이다. 그러나 방사성 원자는 사람이 죽음에 이르는 것과 다르게 소멸한다. 사람은 태어나서 자라고 늙은 뒤에 죽는다. 사람은 시간이 흐르면서 성숙해지고 쇠약해지다, 나이가 들수록 더 자연스럽게 죽는다. 대다수 사람은 이런 식으로 60년에서 90년까지 살다가 죽는다. 이런 의미에서 늙는다는 것은 나이가 듦에 따라 죽을 가능성이 커지는 것을 경험하는 것이다.

모든 방사성 원자는 죽지만, 사람과 달리 늙지 않고 죽는다. 방사성 원자가 주어진 시간 간격 동안 사라질

가능성은 원자의 연령과 전적으로 무관하다. 즉 3000년 된 방사성 원자와 5분 된 동일한 방사성 원자는 다가오는 시간에 분열할 가능성이 똑같이 있다.

두 방사성 원자의 소멸은 어떤 약화의 결과로 설명할 수 없다. 두 방사성 원자는 시간이 지나도 전혀 상하지 않지만, 나이와 상관없이 소멸한다. 어떤 방식이든 두 방사성 원자는 지치는 법이 없는데, 데모크리토스를 비롯한 고대 원자론자들도 이렇게 생각했다. 방사성 원자는 늙지 않고 유년 시절 모습 그대로 죽는다.

반감기라는 개념은 통계적 관점의 가치가 있을 뿐이다. 반감기는 단지 엄청난 수의 방사성 원자를 처분할 때, 여러 상황이 어떻게 평균적으로 발생하는지 나타낸다. 그런데 각각의 방사성 원자가 개별적으로 분열될 정확한 순간을 반감기로 예측할 수는 없다.

그럴 수밖에 없다. 이 순간이 언제인지 확실하게 예측할 수 없다. 달리 말해 각각의 방사성 원자가 자기 본성에 따라 어쩔 수 없이 다른 원자로 변환되더라도, 그 변환이 언제 일어날지 아무도 알 수 없다.

유일하게 확신할 수 있는 것은, 반감기에 해당하는 기간이 경과할 때 소멸할 기회가 3000년 된 방사성 원자와 5분 된 원자에게 모두 있다는 점이다. 이제 가능성이라는 용어로 말할 수 있을 뿐이다. 원자 영역에서 고전물리학의 엄격한 결정론은 작용하지 않는다.

측정된 반감기들의 격차가 엄청나게 커서 어지러울 지경이다. 방사성 원자에 따라 반감기는 몇 분의 1초에서 수십억 년까지 다양하고, 이따금 더 긴 것도 있다.

예를 들면 텔루르 128은 반감기가 1.5×10^{24}년, 즉 우주 나이보다 10^{14}배 길다. 달리 말해 거의 완전하게 안정하다.

이제 우라늄을 살필 차례다. 우라늄은 지구상에서 가장 유명한 방사성원소다. 우라늄의 반감기는 얼마일까? 우라늄의 반감기는 우라늄 원자핵의 종류에 따라 다르기 때문에 총괄적으로 답변할 수는 없다. 우라늄 원자핵이 우라늄 원자핵이게 해주는 것은 무엇인가? 양성자 수다. 우라늄의 양성자 수는 92개다. 우주상의 모든 우라늄 원자핵은 양성자가 92개 있고, 1개 더 적거나(이것은 프로트악티늄 원자핵) 더 많은(이것은 넵투늄 원자핵) 경우는 없다. 양성자 수가 특정 화학원소의 신분을 규정한다. 그러나 중성자 수는 모두 같지 않다. 어떤 우라늄의 중성자 수는 146개인데, 바로 우라늄 238의 원자핵이 그렇다($238 = 92 + 146$). 어떤 우라늄은 3개 더 적은데(143개), 우라늄 235의 원자핵이다(235=92 +143). 어떤 우라늄은 한 개 더 많은데(147개), 우라늄 239의 원자핵이다(239=92+147). 이 원자핵들이 모두 우라늄의 동위원소다. 동위원소들은 양성자 수가 같고 중성자 수는 다르기 때문에 응집력 정도가 다르다. 그래 서 각 동위원소의 반감기도 명백히 다르다.

우라늄 238의 반감기는 거의 50억 년이어서 우주 나 이의 1/3 정도다. 우라늄 235의 원자는 좀 더 불안정해 서 반감기가 7억 년이다.

우라늄 234의 원자는 중성자가 더 적고, 반감기가 '겨 우' 24만 5000년이어서 당연히 지구상에 있는 우라늄 광 산에서 희귀하다. 우라늄 234의 원자 수는 우라늄 235 의 원자 수보다 빨리 감소했고, 우라늄 235의 원자 수는 우라늄 238의 원자 수보다 빨리 감소했다. 그 결과 오늘 날 우라늄 238이 대다수를 차지한다. 천연 우라늄 광맥 에서 우라늄 원자의 99.3%가 우라늄 238이다.

동위원소라는 개념이 우라늄의 전유물은 아니다. 모 든 화학원소는 양성자 수로 특정되고, 원자 내 양성자 수가 화학원소를 대표한다. 즉 수소는 양성자 1개, 헬 륨은 2개, 리튬은 3개, 베릴륨은 4개, 탄소는 6개, 철 은 26개, 은은 47개, 탄탈은 73개 등이다. 그러나 정해진 양성자 수와 달리 중성자 수는 여러 값을 지닐 수 있고, 각 값에 따른 동위원소는 안정할 수도 방사능을 띨 수도 있다.

 ZOOM

동위원소란 무엇인가?

같은 화학원소(양성자 수 Z가 같은)인 원자 모두 총 핵자 수가 반드시 똑같은 것은 아니다. 바로 이런 자유 덕분에 동위원소가 존재할 수 있다. 양성자가 한 개인 수소를 예로 들자. 수소 원자는 0~2개 중성자를 지닐 수 있다. 이 수소 원자들은 원소주기율표에서 같은 자리(같은 원자번호에 해당하는 자리)를 공유하기 때문에, 이 수소 원자들이 수소의 동위원소가 된다('동위'의 그리스어 어원은 '같은 장소'를 뜻한다).

같은 원소의 동위원소들이 같은 화학반응을 일으켰다면, 이 화학반응은 전자 배열과 관련되어 일어난 것일 뿐이고, 원자번호가 같은 모든 원자 내 전자의 배열은 동일하다. 그러나 중성자 수가 같지 않은 동위원소는 서로 질량이 같지 않고, 특히 원자핵의 특성이 다르다. 어떤 동위원소는 방사능이 있고, 어떤 동위원소는 그렇지 않다. 그래서 원자핵을 언급할 때는 이름을 명확하게 표기하는 것이 중요하다. 현재의 명칭은 화학적 이름을 동반한다. 탄소 원자핵의 총 핵자 수 A를 예로 들자. 탄소 12(양성자 6, 중성자 6)는 ^{12}C로 표기하고, 탄소 14(양성자 6, 중성자 8)는 ^{14}C로 표기한다. 탄소 12는 안정적이고(방사성이 없음), 탄소 14는 방사능이 있음을 기억하자.

탄소 14는 반감기가 5730년인데, 인류 역사와 문명에서 중요한 시기의 연대를 추정할 때 널리 사용된다. 대기 상층부에서 커다란 에너지를 지닌 양성자들과 질소 원자(공기 성분)가 충돌해 생기는 탄소 14는 살아 있는 존재인 동물과 식물 속에 존재한다. 단 살아 있을 때 그렇다. 유기체가 죽으면 외부 환경과 교류가 중단되어, 탄소 14가 유기체 속에 들어오지 못하기 때문이다. 유기체의 나머지 속에 남아 있는 탄소 14의 원자 수는 탄소 14의 방사능이 약해지는 속도에 따라 점차 감소한다. 유기체에 남아 있는 탄소 14의 현재 함유량과 처음 함유량을 비교하면 유기체의 연령을 알 수 있다.

자연에 방사능이 존재하는가?
인간 활동과 무관한가?

방사능 물질을 엉뚱한 데서 찾을 필요는 없다. 자연에서 발견할 수 있는, 인간이 인공 환경에서 만들어낸 적이 없는 '천연'방사능 말이다. 인간이 지구상에 발을 들여놓은 적이 없었다고 하더라도 천연방사능은 여전히 발생했을 것이다. 천연방사능은 여러 출처에서 발생한다.

일부 천연방사능은 우주 방사(우주선)로 만들어진다. 우리 머리 위 공간에는 태양과 드물게는 우리 은하계나 그보다 먼 곳에서 날아오는 고에너지 입자들이 돌아다닌다. 이 입자들이 대기 상층부에 존재하는 원자들과 부딪혀 온갖 핵반응을 일으킨다. 이렇게 우리 머리 위에서 끊임없이 연쇄 충돌이 일어나 일종의 보이지 않는 비가 만들어진다. 이 비는 아주 날쌘 입자인 전자, 양성자, 중성자, 인간에게서 비롯한 자잘한 물체, '뮤입자'나 '중간자'라고 불리는 입자, 원자핵이 혼합되었다. 우주 방사의 강도는 위도에 따라 다르다. 북극과 남극에서 세고 적도에서 약한데, 지구를 에워싼 자기장의 작용 때문이다. 우주 방사의 강도는 고도에 따라 달라서(높을수록 세지고 대기층으로 차단될수록 약해진다), 1500m 올라갈 때마다 값이 두 배로 커진다.

또 다른 천연방사능은 지구에서 나온다. 몇몇 방사성원소가 땅과 암석에 들었기 때문인데, 주로 토륨 232와 우라늄 238이고 우라늄 235가 극소량 들었다. 이 원소들은 방사능으로 지각을 데운다. 광범위하게 퍼졌고, 생명 유지에 필수적인 칼륨도 동위원소 중 하나인 칼륨 40을 통해 지구 방사능에 한몫을 담당한다. 여기에 이 원소들의 후손, 즉 방사성원소 분열의 결과물이자 그 자체로 방사성을 지닌 원자핵을 덧붙여야 한다. 이런 원자핵은 40여 가지가 있다.

이 천연방사능은 변할 수가 없다. 방사능은 파이프에서 흘러나오는 물과 같다. 방사능 물질은 방사성이 아주 강하면 유량이 많고, 방사성이 약하면 유량도 적다. 하지만 이 유량을 조절할 수도꼭지는 없다. 유량은 해당 방사성원소의 본성에 따라 정해지기 때문이다. 시간에 맡겨 방사능을 줄이는 방법밖에 없다. 그저 기다리면 되지만, 어떤 경우에는 기다리는 것이 까마득하다. 대지에 방사선을 내뿜는 방사성원소들은 10억 년 단위 반감기로 감소하기 때문이다.

또 다른 천연방사능은 사람이 먹고 마시는 것에서 나

온다. 물과 음식물에는 방사성원소의 흔적이 있는데, 물과 음식물을 삼킬 때 우리 몸이 부분적으로 회수한다. 사람의 몸도 칼륨 40, 탄소 14와 같은 원소가 있기 때문에 방사성이 있다. 이 원소들은 어디에서 나올까? 칼륨 40은 별 폭발의 잔재이고, 별의 폭발로 50억 년 전 지구상에 물질이 만들어졌다. 사람은 주로 뼛속에 칼륨이 조금 있다. 탄소 14는 대기 중에서 우주선宇宙線, cosmic ray이 초래한 핵반응으로 생긴다. 우주선은 질소를 방사성탄소인 탄소 14로 변환하고, 탄소 14는 탄산가스 형태로 나타난다. 탄소 14는 모든 생명체들과 마찬가지로 교환이라는 수단을 통해 사람의 몸속에 들어온다. 탄소 14는 아주 작은 비율로 신체 조직에 배어들어, 신체 조직이 방사성을 지니게 한다. 몸무게 70kg인 사람 몸에서는 탄소 14 분열이 초당 4000번 일어난다. 사람의 몸에 칼륨 40으로 방사능을 보태면, 정상 체중인 사람 몸에서는 분열이 초당 약 1만 번 일어난다.

정확성을 갈망하는 물리학자들은 당연히 방사능 측정 단위를 마련했다. 그 단위는 베크렐Bq으로, 아주 간단하게 정의할 수 있다. 한 원자 집단에서 초당 원자 한 개가 분열하면, 방사능은 1Bq이다. 원자 두 개가 분열하면 2Bq이다. 물론 하나의 방사성 원자는 한 번만 분

열한다. 분열 전의 원자는 방사성이 있지만, 분열 후에
는 다른 원자가 된다.

방금 말한 것을 감안하면 사람의 몸에는 방사능 1만
Bq이 있는 것이다. 다른 예를 들어보자. 우유는 1ℓ에 방
사능 80Bq이 있고, 바닷물은 1ℓ에 10Bq, 화강암은 1kg
에 1000Bq이 있다. 베크렐 단위가 원자 단계에서 설정
되었기 때문에 방사능 수치는 보통 수천, 수백만, 수십
억, 수조 Bq이게 마련인데, 이런 수치에 익숙지 않은 일
반인은 당황할 필요 없다. 연필심 끝에서 10^{21}개나 되는
탄소 원자를 찾을 수 있음을 기억하자.

오늘날 사람들은 천연방사능이 길고 긴 우주 역사 동
안 여러 방식으로 물질 조직에서 중요한 역할을 했다는
것을 안다. 천연방사능이 없었다면 별과 태양도 없었
을 것이고, 지구에 생명도 없었을 것이다. 천연방사능
은 지금도 우주와 지구 주변에 스며들고, 토양과 인체
를 비롯해 대기를 구성하는 공기에 영향을 미쳐 자연스
레 모든 것에 방사성이 있다. 실제로 천연방사능은 입
자 덩어리가 결합되거나 분리되고, 다른 입자를 끌어모
으거나 내보내는 현상에 함께한다.

사람이 만든 인공방사능은 천연방사능과 다른가?

'인공'방사능도 존재한다. 인공방사능은 자연에 존재하지 않는 원소에서 유래하며, 과학자들이 핵반응으로 '새롭게 만든' 것이다. 인공방사능은 천연방사능과 같고, 같은 물리학 법칙(핵물리학 법칙)을 따른다. 일반적으로 인공방사능의 반감기가 훨씬 더 짧다.

인공방사능은 1933년 마리 퀴리의 딸 이렌 졸리오-퀴리Irène Joliot-Curie와 사위 프레데릭 졸리오-퀴리Jean Frédéric Joliot-Curie가 알아냈다. 이렌과 프레데릭은 원자핵이 파괴될 수 없음을 지적했다. 그러나 원자핵에 적절한 충격을 가하면 원자핵을 변환할 수는 있다. 양성자와 중성자의 실제 수에 변화를 주는 것이다. 납을 금으로 변환하려는 오래된 꿈도 이런 것이라 할 수 있다…. 졸리오-퀴리 부부는 알루미늄 27에 알파 입자로 충격을 가하면 안정한 규소 30으로 변환한다는 것을 확인했다. 이 변환을 세밀하게 연구한 결과, 두 단계로 변환함을 밝혀냈다. 먼저 알루미늄 27은 인 30으로 변환했는데, 인 30은 안정한 인 31의 인공방사성동위원소다. 그다음 자연에서 존재하지 않는 인 30은 자신의 양성자 중 하나를 중성자로 변화시키면서 규소 30으로 변환했다. 이때

부터 과학자들은 인공방사성원소를 만들기 위해 중성자를 흔하게 활용한다. 중성자는 전기적으로 중성이기 때문에 원자핵에 다가가기 쉽고, 이때 원자핵은 중성자를 흡수한다. 이 과정에서 양성자와 중성자는 새롭게 결합하고, 그 결합체는 대체로 방사성을 띤다.

이렇게 과학자들은 프로메튬과 아스타틴을 포함해 20여 개 인공방사성원소를 합성할 수 있었다. 우라늄보다 무거운 원소도 만들 수 있었고, 그것들을 초우라늄원소라고 부른다. 넵투늄, 플루토늄, 아메리슘, 퀴륨 등이 그 예다. 오늘날 화학원소 전체를 통해 방사성동위원소약 3000개가 존재한다.

최근 물리학자들은 완전히 독창적인 원자핵, 즉 양성자 수가 중성자 수보다 훨씬 많은 원자핵을 만들 수 있는 정도까지 되었는데, 핵력이 원자핵 속 핵자들을 묶어둘 수 없을 지경이다. 자연에서 찾을 수 없는 이 원자핵은 새로운 방사능을 야기한다. 즉 물리학자들은 베타방사능 과정처럼 중성자를 변환하는 일 없이, 직접 한두 개 양성자를 제거할 수 있다. 이런 독창적인 방사능을 물리학자들이 1960년대부터 예측해왔는데, 2002년에야 처음으로 관측되었다. 26개 양성자와 19개 중성자가 있는 철 45 원자핵을 만든 덕분이다.

우라늄 235의 핵분열

물리학자들은 1930년대부터 원자 세계를 자기들의 놀이터로 삼기 시작했는데, 단지 지적 호기심을 만족시키는 정도가 아니었다. 1938년 어느 날, 물리학자들은 우라늄 235 원자핵의 기이한 특성을 발견했다. 이는 원자력발전소나 핵탄두에 넣어 사용할 수 있을 정도였다. 우라늄 235 원자핵이 특정 상황에서 아주 예외적인 방사능 형태를 이룬 뒤, 둘로 쪼개지면서 엄청난 에너지를 방출한 것이다.

우라늄 235의 '핵분열'은 어떻게 발견했을까? 이야기는 2차 세계대전 직전에 시작되어, 히로시마廣島와 냉전, 민간용 원자력으로 흘러간다.

1938년 독일 화학자 오토 한Otto Hahn과 프리츠 슈트라스만Fritz Strassmann이 너무나 난감한 상황에 빠졌다. 그 시절 다른 과학자처럼 이들도 우라늄 방사 실험에 깊이 매달렸고, 중성자를 사용해 실험했다. 실험 결과는 이 합리적인 사람들을 당황하게 만들었다. 이들이 관측한 것이 통상적인 변환과 유사하지 않았기 때문이다. 우라늄 방사가 끝나면 어김없이 전에 없던 바륨 원자가 존재한다는 것을 확인했다. 다른 어떤 작업도 하지 않았

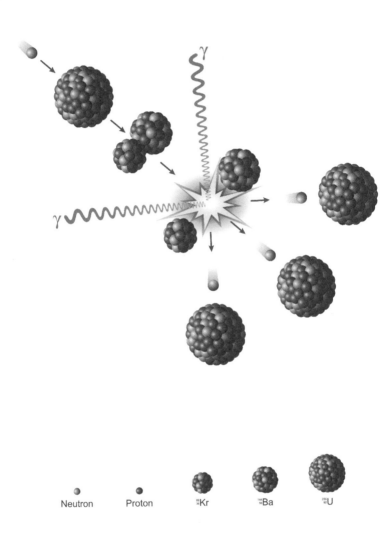

γ

γ

Neutron   Proton $^{89}_{36}$Kr $^{144}_{56}$Ba $^{235}_{92}$U

는데 말이다. 인공방사능을 발견한 이래, 한과 슈트라스만도 모든 원자핵이 그렇듯이 우라늄 원자핵도 아주 적은 양성자나 중성자만 끌어들이거나 넘겨줄 수 있다고 알고 있었다. 그런데 이들이 관측한 것은 양성자가 92개인 우라늄 원자핵이 양성자 56개인 바륨 원자핵으로 변환한 모습이었다. 한 물질을 어렵지 않게 전혀 다른 물질로 바꾸는 것은 단순하게 생각할 문제가 아니었다. 두 화학자가 이 믿기지 않는 사실을 받아들이는 데는 커다란 용기가 필요했다.

한과 슈트라스만은 실험 결과를 확인하고 또 확인한 뒤, 친한 동료 물리학자인 리제 마이트너Lise Meitner, 오토 프리시Otto Robert Frisch와 논의했다. 그리고 특종을 터뜨렸다. 우라늄 235의 원자핵은 사과가 두 쪽으로 쪼개지듯 핵분열 할 수 있다고 말이다. 좀 더 명확히 말하면, 중성자 한 개를 양성자 92개(그리고 143개 중성자)인 우라늄 원자핵에 충돌시키면, 양성자 56개인 원자핵(바륨)과 양성자 36개인 원자핵(크립톤)을 얻을 수 있다는 것이다. 이 핵분열 때 엄청난 에너지가 방출되는데, 정확히 2억 전자볼트eV나 된다. 이 수치가 실감이 나지 않는다면, 화학자들이 원자들을 모으고 모아 어느 정도 견고한 분자를 만들기 위해 생애를 보내다가,

원자당 몇 eV의 에너지를 회수할 때 행복해한다는 사실을 알아주면 되겠다. 한과 슈트라스만은 핵분열을 발견하고 녹다운 되었다. 원자 한 개에서 나오는 에너지의 2억 배라니.

원자로와 원자폭탄

"1945년 미국인들은 원자폭탄을 발명해 히로시마라는
도시에 투하했다. 폭격기 이름이 '에놀라 게이'인데,
뒷날 조종사는 기자들에게 이 이름을 선택한 이유를 설명했다.
자신의 아일랜드인 할머니의 이름인데, 그 이름이
우스꽝스럽다고 생각했기 때문이라는 것이다."
파트리크 오우르제드니크Patrik Ouředník[6]

이어지는 몇 달 동안 세계의 물리학 관련 단체들이 이 경악스런 소식을 접하고, 논평과 비판을 계속했다. 마

---

6   체코 출신 프랑스 작가. 언어와 형식에 대한 과감한 실험, 유희와 놀이에 지속적인 관심을 두었다.

음껏 상상하면서 핵분열 효과에 관해 앞다퉈 환상을 품기 시작했다. 1933년 5월 초부터 프레데릭 졸리오-퀴리와 동료들은 핵분열을 바탕으로 한 원자로, 폭탄 관련 특허등록을 위해 핵분열에 관한 충분한 지식을 쌓아두었다. 그때 임박한 세계대전이 다음 이야기를 좌지우지한다.

특히 이중적 관점이 되는 두 가지 고민거리가 과학자들의 관심을 불러일으켰다. 첫째는 군사적 차원의 문제인데, 전쟁이 벌어지면서 뜨거운 관심사가 되었다. 어떤 조건을 갖추면 폭탄을 터뜨릴 수 있는가 고민한 것이다. 둘째는 민간 차원의 문제다. 폭탄과 반대로 어떻게 하면 발전소에서 활용하도록 에너지 방출을 제어할수 있을까 고민했다. 오래 걸리지 않아 고민한 결과물이 나왔다.

물리학자들과 군사기술자들은 우라늄 235의 모든 에너지를 아주 빠른 시간에 촉발하는 것을 목표로 삼았다. 이렇게 하려면 원자들을 적절하게 배치해서, 핵분열 때방출되는 평균 2~3개 중성자 가운데 대략 2개 중성자가 새로운 핵분열을 일으키도록 해야 한다. 이때 눈사태처럼 연쇄반응이 일어난다. 중성자 1개 덕분에 중성자2개가 생기고, 중성자 2개 덕분에 중성자 4개가 생기고,

이후 8개, 16개 등으로 늘어난다. 10번째 핵분열이 일어나면 중성자 1000개가 생긴다. 20번째는 100만 개, 30번째는 1000조 개가 생긴다. 이 핵분열을 $1/1{,}000{,}000$초당 10회 속도로 폭발적으로 일어나게 했다. 그런데 이 모든 것은 핵분열 때 생기는 거의 2개 중성자를 제대로 다시 사용해야 가능하다. 중성자를 낭비하지 않도록 감속재나 흡수재를 사용해서는 안 되고, 유출도 있어서는 안 된다. 그러나 기술적으로 간단하지 않다.

원자로는 반대로 감속재와 흡수재를 사용하고, 중성자가 유출 가능하도록 만들어진다. 핵분열로 방출된 중성자 2~3개 중에서 더도 말고 1개만 다시 사용하고, 앞서 핵분열을 일으킨 중성자를 정확히 상환해 균형을 이루게 하는 것이 관건이다. 현재 가동 중인 원자로는 '주고받음' 원리에 따라 작동한다.

 ZOOM ────────────────

$E = mc^2$이란 무엇인가?

1905년 9월, 26세 청년 아인슈타인은 겨우 세 페이지 분량의 논문을 작성한다. 이 논문에 물리학 역사 중 가장 유명한 방정식 E=mc²이 있다. 이 논문은 아인슈타인이 직전에 발표한 상대성이론의 연장선으로 소개된 것이다.

이 논문에서 보는 계산은 한 가지 사항을 증명한다. 전자기파를 방출하는 물체는 반드시 질량을 상실한다는 것이다. 아인슈타인은 이 결과에 보편적 중요성을 부여한다. 물체의 질량은 그 내용물 크기만 한 에너지를 나타낸다고 설명한 것이다. 따라서 물체가 에너지를 상실하면 어떤 형태로든 질량도 상실한다.

개념적 측면에서 보면 혁명적인 결과다. 현재 물체 속에 있는 물질의 양인 질량은 그만한 에너지 덩어리다. 질량이 있고 움직이지 않는 모든 물체는 이렇게 '질량에너지', 즉 질량이 있다는 한 가지 사실 덕분에 에너지가 있다. 아인슈타인은 질량과 에너지의 등가성이 빛의 속도 c(제곱된 형태로)의 개입을 받고, 그때까지 완벽하게 별개였던 두 개념을 통합한다고 분명히 말했다. 이 상응 관계에서 빛의 속도는 되돌릴 수 없을 정도로 지위가 상승한다. 이제부터 빛의 속도는 빛이 어떤 역할도 하지 않는 과정까지 포함해 모든 물리학적 과정에 개입한다. 아인슈타인 덕분에 빛의 속도는 물리학의 진정한 보편상수가 되었다. 그러나 질량과 에너지의 등가성이 그렇

$$v_B = \frac{v_{o2}}{v_1} = v_{21}$$

$$PV = nRT \quad \psi = \iint Dd$$

$$\oint e = \frac{L}{4\pi r^2} \quad \int \frac{\Delta\psi}{2\pi} = \frac{\Delta x}{\lambda_1} = \frac{x_2 - x_1}{\lambda} S_2$$

$$\Delta t = \frac{\Delta t'}{\sqrt{1-\frac{v^2}{c^2}}}$$

$$k = \frac{1}{4\pi\varepsilon_0\varepsilon_r} \quad v_k = \sqrt{R\frac{M_z}{R_z}} \quad \vec{F_m} =$$

$$X_L = \frac{U_m}{I_m} = \omega L = 2\pi f L \quad \vec{F_g} =$$

$$\omega$$

$$U = \frac{W_{AB}}{Q} = \frac{|E_{pA} - E_{pB}|}{q} = |\psi_A - \psi_B| \quad T = \frac{4n_1 n_2}{(n_2 + n_1)^2} \quad R_m =$$

$$\psi_E = \frac{F_e}{\psi_0} = k\frac{Q}{r^2} \quad Q$$

$$m = N.m_0 = \frac{Q}{\nu e} \quad \frac{M_m}{N_A} \quad E = \frac{E_c}{a}\int_{-a/L}^{+a/L}\sin(\omega t + \phi)$$

$$\frac{1}{me}$$

$$r.10^{-3}$$

$$N_A \quad l_t = l_0(1 + \alpha\Delta t) \quad I = \frac{U_e}{R + R_i} \quad 2 \quad \frac{tg\tau'}{tg\tau} = \frac{d}{f}$$

$$R = \rho\frac{l}{S} \quad E = mc^2 \quad \frac{\sin\alpha}{\sin\beta} = \frac{v_1}{v_2} = \frac{v_2}{v}$$

$$-\sin\frac{n\pi x}{L} \quad E = \frac{1}{2}\hbar\sqrt{k/m} \quad \beta = \frac{\Delta I_C}{\Delta I_B} \quad \phi_e = \frac{\Delta E}{\Delta t} \quad \frac{v_1^F}{x}$$

$$\phi = \frac{2\pi\sin\nu}{\lambda}$$

$$\vec{S} = \frac{1}{\mu_0}(\vec{E}\times\vec{B}) \quad E_k = \frac{h^2}{8mL^2}n^2$$

$$\frac{1}{R_m T}$$

$$M_r.10^{-3} \quad E = \frac{\hbar k^2}{2m} \quad pc = \frac{1AU}{r} \quad \vec{D}$$

$$M_\odot = \frac{4\pi^2 r^3}{GT^2} \quad S \quad R = \frac{U}{I}$$

$$h\rho g \quad f_0 = \frac{1}{2\pi\sqrt{CL}} \quad \sigma = \frac{Q}{S} \quad M = \vec{F}d \quad c$$

$$I_m^2 = U_m^2\left[\frac{1}{R^2} + \left(\frac{1}{x_c} - \right)\right]$$

$$\sin(v_1^2 + v_2^2) \quad \int_{c(s)}\vec{E}d\vec{l} = -\iint_S\frac{\partial\vec{B}}{\partial t}\cdot d\vec{S} \quad \rho = \frac{E}{c} = \frac{hf}{c} = \frac{h}{\lambda}$$

$$= R_0\sqrt[3]{A}$$

$$u = U_m\sin\omega(t-\tau)$$

$$\oint d\vec{l} = \iint_S\left(\vec{J} + \frac{\partial\vec{D}}{\partial t}\right).d\vec{S} \quad \varphi = mc\Delta$$

$$L = 10\log\frac{I}{I_0}$$

$$\mu_0\sum I_i \quad P = \frac{\vec{F}}{\Delta S} = \frac{m\Delta\vec{v}}{\Delta S\Delta t} \quad P = UI \quad \Delta\psi = \frac{2\pi\Delta x}{\lambda} = \frac{2\pi}{\lambda}$$

$$h = \frac{1}{2}gt^2 \quad V$$

$$f' = \frac{n_a.n_b}{(n-1)(n_b-n_a)} \quad \nabla\times\left(-\frac{\partial\vec{B}}{\partial t}\right) = -\frac{\partial}{\partial t}(rot\vec{B}) = -\mu_0\frac{\partial}{\partial t}$$

게 설정되었다면, 우리는 왜 일상에서 이 등가성을 감지하지 못할까? 그것은 단지 이 등가성이 우리에게 익숙한 크기 차원으로 바라볼 때 지나치게 큰 값을 지니기 때문이다. 가장 작은 먼지 하나에도 엄청난 에너지가 존재하지만, 우리는 이 먼지의 질량에 담긴 에너지를 알아볼 수 없다.

날마다 생활에서 접하는 상황 중 두 가지 예를 들어보자. 전구를 켜면 빛, 즉 에너지가 퍼지고 그 때문에 질량을 상실한다. 그러나 빛의 속도의 제곱인 c^2은 너무나 큰 값이어서, 전구는 몇 세기 동안 켜놓는다 해도 처음 질량과 비교해 너무나 작은 질량인 100만 분의 몇 g 정도 상실할 뿐이다. 이번에는 책 절반 크기 버터 판(혹은 질량이 같은 물체라면 어느 것이든)을 예로 들자. 아인슈타인의 공식에서는 이 정도 질량이면 22.5×10^{15}J의 질량에너지와 맞먹는데, 이 버터 판이 1m/s 속도로 떨어질 때의 운동에너지인 0.125J과 비교해보자. 달리 말하면 여느 물질 덩어리의 질량에너지(혹은 에너지 함유량)는 엄청나게 큰 값이어서, 이 물질 조각을 빠르게 이동시키거나 가열해서 에너지를 보태준다고 해도 에너지 변화량은 미세하다. 에너지 변화량만 고려하고 있으므로 물체의 질량이 변하지 않는 한, 물체의 질량에너지는 같은 상태로 남고 우리에게 명백하게 드러나지 않는다.

아인슈타인의 공식이 20세기 물리학의 상징이 된 것은 1905년 이후 물리학자들이 이 공식이 명백한 효력을 발휘하는 상황을 탐구하고 종종 산업적으로 활용하는 데 성공했기 때문이다. 현저한 양의 질량이 에너지로 변환할 수 있는 상황과 에너지가 물질이 되는 상황이 그렇다.

앞에서 원자력발전소와 원자폭탄에 사용된다고 설명한 우라늄 235 원자핵을 생각해보자. 원자핵이 중성자 한 개와 충돌하면, 동요된 원자핵은 곧바로 변형되고 서로 다른 2조각으로 쪼개져 뚜렷하게 안정한 형태를 이룬다. 달리 말하면 우라늄 235 원자핵은 핵분열을 일으켜 가벼운 2개 원자핵으로 쪼개지는데, 이 원자핵 2개 질량의 총합은 처음 우라늄 원자핵의 질량보다 항상 적다. 이런 질량의 결여, 그러니까 질량에너지의 상실은 아인슈타인의 공식에서 에너지 방출로 나타나고, 이 에너지 방출이 '핵에너지'의 출처다. 이 에너지는 열의 형태로 회수되어 전류로 변환할 수 있다.

이번에는 무거운 원자핵의 핵분열 말고 가벼운 원자핵의 핵융합을 살펴보자. 핵융합 방식을 알면 별이 빛을 발하는 과정을 이해할 수 있다. 태양은 가장 밝을 때 수소를 가지고 헬륨을 만들어내는 핵융합 반응을 일으켜 질량을 에너지로 변환한다. 태양 중심부에서 초당 6억 20만 t이 넘는 수소(양성자가 1개인 원자)가 6억 15만 t의 헬륨(양성자가 2개인 원자)으로 변환한다. 이 질량의 차가 에너지로 변환해 외부로 퍼져 나간다. 태양은 이렇게 해서 빛을 발하는 것이다.

물론 에너지가 질량으로 변환하는 상황도 존재하는데, 반대로 돌아가지는 못한다. 이 상황도 두 가지 예면 충분할 것이다. 첫 번째 예는 운동학, 좀 더 정확하게 속도와 운동에너지(물체의 움직임과 관련된 에너지라는 점을 상기하자)의 관련성을 다룬 예다. 자동차로 왕래하거나 비행기로 여행할 때, 우리를 옮겨다 주는 운송 수단의 운동에너지는 속도의 제곱으로 커진다. 액셀을 밟으면 속도와 운동에너지가 동시에 증가한다. 그러나 특수상대성이론에서는 우리가 이해할 수 있는 범위보다 훨씬 빠른 이동을 고려하고, 어떤 속도는 우리가 아무리 입자를 가속해도 넘을 수 없다. 이 속도는 진공에서 빛의 속도와 동일하다. 입자의 속도와 에너지가 증가하면 그에 따라 입자의 관성(정확히 E/c^2와 같은)도 점점 커지는데, 입자는 이 관성으로 모든 추가적인 운동 변화에 저항하고 그 결과 빛의 속도를 넘을 수 없다.

달리 말하면 입자는 입자를 가속하기 위해 행해지는 수고에 더욱더 저항한다는 것이다. 입자가 빨리 나아갈수록 입자를 한층 더 빨리 나아가게 하는 것이 힘들어진다는 뜻이다. 입자의 질량은 전혀 변함이 없지만, (고전물리학처럼 질량과 같은 것이 아닌) 입자의 관성은 에너지와 더불어 증가한다.

입자의 속도가 거의 빛의 속도에 다다른다면 이것은 곧이어 설명할 입자가속기에서 보통 발생하는 일인데, 입자의 속도를 뚜렷하게 바꾸지 않아도 입자에게 운동에너지를 부여할 수 있다. 요컨대 입자를 '불변의 속도로 가속하는' 것이다. 이런 표현이 뉴턴 학설 신봉자 귀에는 이상하게 들리겠지만 말이다.

두 번째 예는 오늘날 물리학자들이 사용하는 '입자충돌기' 내부에서 입자들이 겪는 아주 격렬한 충돌 역학과 관련된 것이다. 충돌하는 입자들의 거의 모든 운동에너지는 물질로 변환한다. 운동에너지가 다른 여러 질량 있는 입자들로 변환하는 것인데, 대체로 수명이 아주 짧다. 이 상황에서 상식에 반하는 일이 발생한다. 물체의 속성이 변환한다는 것이다. 위의 예는 투사된 입자들의 속도가 새로운 입자들로 변환할 수 있다. 마치 에펠탑의 속성인 에펠탑의 높이가 개선문과 다니엘 뷔

랑Daniel Buren의 석조 기둥으로 변환할 수 있는 것과 조금은 비슷하다.

입자가속기와 입자충돌기

입자를 연구하기 위해서는 어떻게든 입자에 빛을 비춰야 한다. 다시 말해 입자에 반드시 빛은 아니라도 입자 빔(다발)을 쏘아야 한다. '표적' 입자에게 '탐색' 입자를 세차게 투사해야 한다. 그런데 왜 탐색 입자는 많은 에너지를 지니지 않으면 안 될까? 이 점을 이해하기 위해서는 두 가지 물리학 법칙을 내세워야 한다. 첫째, 모든 입자는 에너지가 높을수록 파장이 짧아진다는 양자적 법칙이다. 둘째, 파동 현상은 어떤 물체가 자기 파장보다 큰 물체하고만 상호작용 할 때 생긴다는 법칙이다. 대양의 물결은 해수욕객이 있다고 영향을 받지 않는다. 해수욕객의 몸길이가 이어지는 두 파도의 거리에 비해 작기 때문이다. 그 대신 대양의 물결은 대형 여객선이 나타나면 동요한다. 표적으로 삼은 입자의 파장이 짧다면, 탐색 입자들은 더욱 짧은 파장을 지녀야 할 것이다. 그러므로 표적 입자의 파장이 짧을수록 탐색 입자에게 더 높은 에너지를 부여해야 한다. 본래 입자가속기가 해야 할 일이 이것이다. 입자가속기는 일종의 거대한 현미경 같아서 물질의 미세한 구성 요소를 식별할 수 있다.

처음에(1960년대까지) 입자가속기는 입자 빔을 가속해 고정된 표적에 충돌시키는 작업만 가능했다. 충돌할 때는 투사된 입자들의 운동에너지와 질량이 재분배되고, 충돌의 산물인 새로운 입자들이 모습을 나타낸다. 충돌 에너지가 높을수록 새로운 입자들은 더 무거워지고, 보통 보이지 않는 물질의 구조나 반응을 보여준다.

그러나 고정된 표적을 이용하면 에너지가 상실되는 문제가 생긴다. 움직이는 입자가 정지된 입자와 충돌할 때, 움직이는 입자의 많은 운동에너지가 역시 운동에너지 형태로 표적으로 옮겨 가기 때문이다(움직이는 차량이 멈춘 차량과 충돌할 때 그 충격으로 멈춰 있던 차량이 내동댕이쳐지는 것처럼). 표적으로 옮겨진 운동에너지는 물질로 변환하지 않는다. 말하자면 이 운동에너지는 '낭비된' 셈이다.

두 입자 빔을 반대 방향으로 돌게 한 다음 정면충돌시키는 것이 훨씬 더 채산성이 좋다. 이 경우 충돌하는 입자들의 에너지가 모두 물질로 변환하기 때문이다. 이런 이유로 '입자충돌기'가 입자물리학의 가장 중요한 도구가 되었다. 입자충돌기 중 대형강입자충돌기Large Hadron Collider, LHC가 가장 강력한데, 현재 제네바Geneva

에 있다. LHC는 길이 27km 원형 터널 속에 설치되어 2008년 가동을 시작했고, 이후 아주 높은 에너지를 지닌 양성자들의 충돌을 실현하고 있다. LHC가 이룬 기술적 쾌거를 의식해야 한다. 즉 미세한 두 양성자 빔은 거의 빛의 속도로 만나 정확하게 정면충돌하는데, 그것도 완벽하게 정해진 장소에서 충돌한다.

$$M_e = \sigma T^4$$

$$+ V\psi = E\psi \qquad \phi_e = \frac{L}{\Delta t} = \frac{\Delta t}{\sqrt{1-\frac{v^2}{c^2}}} \quad 4\pi r^2 \qquad \frac{\Delta \psi}{2\pi} = \frac{\Delta x}{\lambda_1} = \frac{x_2 - x_1}{\lambda} \, S_2 \qquad v = c/\lambda$$

$$E = \hbar\omega \qquad k = \frac{1}{4\pi \varepsilon_0 \varepsilon_r} \qquad v_c = \sqrt{\frac{R M_2}{R_2}} \qquad \vec{F}_m = \vec{B}I\ell$$

$$X_L = \frac{U_m}{I_m} = \omega L = 2\pi f L \qquad F_g = \frac{m_1 m_2}{}$$

$$\frac{m}{2} \qquad U = W_{AB} = |E_{PA} - E_{PB}| = |\varphi_A - \varphi_B| \qquad T = \frac{4 n_1 n_2}{(n_2+n_1)^2}$$

$$v = \frac{\omega h}{2\pi r m_e} \qquad \varphi_E = \frac{F_e}{q_0} = k\frac{Q}{r^2} \qquad R_m = \frac{C}{T} k$$

$$\rho = \frac{M_m}{N_A} = \frac{M_r \cdot 10^{-3}}{N_A} \qquad m_c = N \cdot m_0 \qquad \frac{\Phi}{v_e} \quad \frac{M_m}{N_A} \qquad E = \frac{E_c}{g}\int_{-a/L}^{+a/L}\sin(\omega t + \phi)\,dy$$

$$\ell_t = \ell_0(1 + \alpha \Delta t) \qquad I = \frac{U_e}{R + R_i} \qquad \omega = 2$$

$$\overline{U}m_e \qquad R = \rho\frac{\ell}{S} \qquad \boxed{E = mc^2} \qquad \frac{\sin\alpha}{\sin\beta} = \frac{v_1}{v_2} = \frac{w_2}{w_1} \qquad v = \frac{1}{\sqrt{\varepsilon \cdot \mu}}$$

$$\Psi_{(x)} = \sqrt{2/L}\sin\frac{n\pi x}{L} \qquad E = \frac{1}{2}\hbar\sqrt{k/m} \qquad \beta = \frac{\Delta I_c}{\Delta I_B} \qquad \phi_e = \frac{\Delta E}{\Delta t}$$

$$\mu \iint \vec{J}d\vec{s} \qquad \vec{S} = \frac{1}{\mu_0}(\vec{E}\times\vec{B}) \qquad E_k = \frac{h^2}{8mL^2} \qquad \oiint \vec{D}d\vec{S}$$

$$\sqrt{\frac{3kTN_A}{M_m}} = \sqrt{\frac{3R_m T}{M_r \cdot 10^{-3}}} \qquad E = \frac{\hbar^2 k^2}{2m} \qquad pc = \frac{1 AU}{r} \qquad R = \frac{U}{I} \qquad \vec{F}_v = \vec{S}$$

$$F_h = Shpg \qquad f_0 = \frac{1}{2\pi\sqrt{CL}} \qquad \sigma = \frac{Q}{} \qquad M = \vec{F}d\cos\alpha$$

$$\int \vec{E}d\vec{\ell} = -\iint \frac{\partial \vec{B}}{\partial t}\cdot d\vec{s} \qquad I_m{}^2 = U_m{}^2\left[\frac{1}{R^2} + \left(\frac{1}{x_c} - \frac{1}{x_L}\right)^2\right] \qquad \lambda^*$$

$$\frac{dw}{dt} \qquad \oint \vec{H}d\vec{\ell} = \iint\left(\vec{J}+\frac{\partial \vec{D}}{\partial t}\right)\cdot d\vec{S} \qquad Q = mc\Delta t$$

"모든 사람들이 중국어를
자신의 언어로
말하는 행복을 누리지는 못한다."

—

자크 라캉Jacques Lacan[1]

---

1   자크 라캉은 노자와 공자의 사상을 잘 이해하기 위해 일흔이 넘은 나이
에 중국어를 공부할 정도로 호기심과 탐구욕이 왕성했다.

사과가 떨어지고 태양이 빛나며, 우리 몸과 탁자가 잘 지탱하고, 전구 필라멘트가 불을 밝히며 젖은 우표가 달라붙는 것은 여러 힘이 작용해 사물의 결합을 보장하고 사물의 움직임을 조직하기 때문이다.

고전물리학에서 두 입자의 힘은 공간의 '장場'을 매개로 전달된다. 여기에서 '장'이라는 개념은 평화로운 시골집 마당과 관계가 없다. 장은 어떤 공간의 모든 지점이나 적어도 공간 한 부분의 규모를 규정할 때 사용한다. 한 입자가 다른 입자에게 영향을 미칠 때, 우리는 첫 입자에게서 생긴 장이 공간으로 퍼져 다른 입자에게 영향을 미친다고 상상한다. 그러나 장을 상호작용의 매개 장소로 삼는 고전적 견해는, 양자물리학과 상대성이론을 동시에 고려하다 보니 수정될 수밖에 없었다. 이 새로운 범주에서는 두 입자의 상호작용이 있기 위해 실질적인 '무엇'을 주고받아야 하기 때문이다. 이 '무엇'이 바로 양자다. 양자는 상호작용이 일어나는 장의 독특한 입자다. 달리 표현하면, 상호작용은 두 입자 간에 제삼자의 교환이 있어야 실행된다. 상호작용을 통해 옮겨지는 입자를 전문적인 용어로 상호작용 '게이지 보손gauge boson'[2]이라고 한다.

이 견해는 추상적이어서 구체적인 설명이 필요하다. 호수에 보트 두 척이 떠 있다고 상상하자. 각 보트에 탄 사람은 보트를 모는 데 도움이 될 만한 장비를 전혀 갖추지 않았다. 노도, 판자도, 기다란 막대도 없다. 떠다니던 두 보트가 우연히 상대를 향해 가고, 그러다 충돌이 불가피한 상황이 될 것 같다고 가정하자. 충돌을 피할 수는 없을까? 두 사람 중 한 명이 공 같은 묵직한 물체를 다른 보트에 탄 사람에게 던지고 공을 받은 사람이 다시 던지는 행동을 반복한다면, 두 보트는 조금씩 멀어질 것이다. 연속해서 던지면 보트의 경로를 바꿀 수 있는 척력이 생긴다. 중개자인 공을 매개로 두 보트에 상호작용이 발생한 것이다.

이 은유가 막연해 보여도 덕분에 중요한 다른 점도 이해할 수 있다. 공이 무거우면 패스 거리가 짧아질 수밖

---

[2] 게이지 장을 양자화 하여 얻어낸 입자. 입자들 사이의 힘을 전달한다.

에 없는데, 이렇게 매개 입자들의 질량이 클수록 상호작용의 영향력이 약해진다는 점이다. 달리 말해 게이지 보손이 아주 무겁다면 두 입자는 게이지 보손을 주고받을 수 없다. 두 입자가 아주 가까이 있어도 상호작용 할 수 없다. 직관적으로 고찰하다 거론하게 된 이런 속성은 양자물리학에서 완벽하고 정확하게 증명된다.

우주의 기본적 힘에는 무엇이 있는가?

물리학자들은 자신들이 마음껏 살펴본 모든 현상을 이해하기 위해, '기본적'이라고 판단하는 네 가지 힘을 개입시킬 필요성을 느꼈다. 그 힘은 무엇인가? 물론 중력[3]은 300년 이상 전에 뉴턴이 확인했다. 우리 주변 물질의 응집력을 설명해주는 전자기력[4]은 맥스웰James Clerk Maxwell이 19세기 후반에 온전히 확인했다. 1930년

---

[3] 중력적 상호작용이라고도 한다.
[4] 전자기적 상호작용이라고도 한다.

대에 발견된 약한 상호작용[5]은 여러 방사성 과정, 특히 베타 방사능에 관여한다. 약한 상호작용과 거의 같은 때 발견된 강한 상호작용[6]은 원자핵의 구성 요소들을 아주 견고하게 결합시킨다.

각 힘들의 특성을 좀 더 자세히 알아보자.

먼저 중력이다. 우리는 중력 덕분에 앉을 수 있고, 넘어지면 다친다. 중력은 다른 현상, 특히 행성의 움직임에 따른 물체의 낙하도 이끈다. 중력은 우주 초기 가스에서 별이 만들어진 원인이기도 한데, 중력이 강제로 가스를 수축시킨 것이다. 중력 덕분에 별들이 만들어지면 별들은 서로 끌어당겨 은하를 형성한다.

중력은 끌어당기는 힘(인력)이고, 영향을 미치는 범위가 무한하다(다시 말해 두 질량 덩어리 사이의 인력은 두 질량 덩어리가 무한한 거리로 떨어졌을 때라야 0이 된다). 어떤 차폐물도 중력의 작용을 막을 수 없으며, 중력의 영향력을 약하게 하거나 없애길 바라는 것은 쓸데없는 짓이다.

---

5 약한 핵력 혹은 약력이라고도 한다.
6 강한 핵력 혹은 강력이라고도 한다.

중력의 세기는 다른 상호작용(힘)보다 훨씬 약해서 입자 규모에 미치는 효력은 무시할 정도이고, 입자는 훨씬 센 힘의 지배를 받는다. 그렇다면 왜 중력이 거시적인 규모에서 우리에게 중요한가? 항상 끌어당기는 힘인 중력이 누적적이기 때문이다. 그래서 관련 입자의 수가 많을수록 중력이 커진다. 우리 몸의 양성자와 지구의 양성자 간의 중력은 확실히 미세하다. 하지만 우리 몸의 양성자는 아주 많고 지구의 양성자는 더욱 많으므로, 양성자들을 묶어두는 무수한 작은 힘이 서로 보태지고 결국 전체 힘이 현저히 커져 우리 체중과 같아진다.

중력은 연합으로 만들어진 힘인 셈이다.

중력을 전달한다고 여겨지는 입자를 중력자라고 한다. 중력자는 질량이 없다. 현재의 지식으로는 이렇게 이해하는데, 사실 중력자를 아직 발견하지 못한 상태다.

전자기력은 중력보다 훨씬 세다. 전자기력은 우리 주위에서 뚜렷이 작용한다. 많은 기계장치와 커피포트, 진공청소기, 냉장고, 다리미 같은 가전제품이 전자기력 덕분에 작동한다. 그러나 본질적으로 전자기력은 원자와 분자가 응집력을 갖게 해주고, 모든 화학반응과 시각 현상(빛은 광자 구조의 전자기파로 형성됨을 상기하자)을 이끈다. 전자기력도 중력처럼 영향력을 발휘하는 범위가 무한하지만, 상대 전하에 따라 때로는 끌어당기고 때로는 밀어내며, 먼 거리에서는 물질이 전체적으로 중립 상태가 되기 때문에 힘의 누적 효과는 상쇄된다.

전자기력은 매개자인 광자의 교환으로 발생한다. 광자는 질량이 없고, 가상의 존재다. 인위적으로 생각한 것이기도 하고, 전하를 띤 두 입자 간에 광자가 교환될 때 검출된 적도 없다.

약한 상호작용은 영향력이 미치는 범위가 아주 짧은데, 대략 10^{-18}m다. 접착제처럼 완전히 달라붙게 하는 상호작용이어서, 두 입자가 거의 닿았을 때만 약한 상호작용의 영향을 받을 수 있다. 특별히 약한 상호작용은 베타 방사능을 책임지는데, 중성자는 약한 상호작용의 영향을 받아 양성자와 전자로 분열한다. 동시에 반중성미자도 방출하면서. 명칭이 알려주듯이 약한 상호작용은 관측하기 힘들 정도로 힘의 세기가 약하다. 그렇다고 중요한 역할을 담당하지 못하는 것은 아니다. 특히 태양에서 수소 원자핵들의 융합반응을 이끈다. 약한 상호작용이 우주에서 사라진다면 태양은 빛을 비추는 일을 멈출 것이다.

약한 상호작용을 매개하는 입자는 W^+, W^-, Z^0다. 이 입자들을 '매개 보손'이라고 한다. 약한 상호작용의 유효 거리는 아주 짧고, 매개 보손의 질량은 아주 큰 것으로 짐작된다. 실제로 그런데, 양성자 질량보다 거의 100배 크다. 약한 상호작용을 매개하는 위 세 가지 매개 보손은 1984년에 유럽입자물리연구소European Organization for Nuclear Research, CERN가 밝혀냈다. 이런 목적을 위해 고안된 양성자, 반양성자 입자충돌기 덕분이다.

강한 상호작용은 4대 기본 상호작용 중 가장 세지만, 오랫동안 비밀에 싸여 있었다. 1930년대에야 물리학자들이 이 상호작용의 존재를 예측했다. 원자핵의 안정성이 감탄할 정도임을 이해하고 나서다. 같은 전하를 띠는 원자핵 내부의 양성자들은 서로 떨어지게 만드는 전기력 때문에 서로 밀어내야 한다. 그런데 양성자들은 아주 견고하게 결합되었다. 양성자들의 척력은 어떤 힘과 맞서는 것일까? 어떤 힘으로도 이 핵 응집력을 설명할 수 없었다. 가설이 세워지고 검증되었다. 원자핵 내부에는 아주 강한 힘, 그러니까 유효 거리가 10^{-15}m 정도로 아주 짧고 강한 상호작용이 존재하는 것이다.

강한 상호작용은 맞닿은 두 핵자(양성자나 중성자 어

느 것이든 상관없이)를 달라붙게 하는 강력 접착제처럼 작용하지만, 둘을 조금만 떼어놓아도 순식간에 약해진다. 그렇다고 강한 상호작용의 놀랍도록 강력한 힘을 막지는 못한다. 예컨대 강한 상호작용은 10만 km/s로 돌진하는 양성자를 10^{-15}m 떨어진 곳에 고정할 수 있다. 브레이크를 밟는다고 상상하면 된다.

강한 상호작용의 매개자는 무엇인가? 바로 '글루온'이다. 나중에 '쿼크' 관련 내용에서 소개하겠다.

모든 입자들이 강한 상호작용의 영향을 받는 것은 아니다. 양성자나 중성자처럼 강한 상호작용에 민감하게 반응하는 입자를 '하드론(강입자)'이라고 한다. 강한 상호작용의 영향을 받지 않는 입자를 '렙톤(경입자)'이라고 한다. 물리학자들은 350여 가지 서로 다른 하드론을 파악하고 있다. 양성자를 제외하고 모두 불안정하다. 불안정하다는 말은 하드론이 무척 빠르게 더 가벼운 다른 입자로 분열한다는 뜻이다. 하드론의 수명(분열된 후 양성자를 제외한 모든 하드론의 평균수명)은 아주 짧다. 어떤 하드론은 수명이 10^{-23}초밖에 되지 않을 정도여서 자연에서 발견한 가장 짧은 현상에 속한다. 일반적으로 하드론은 미처 대처할 겨를이 없는 존재인 것이다.

완전히 다른 자연의 4대 힘을 통일할 수 있을까?

"우주는 통일됨으로써 안정을 이룬다."

조엘 마르탱Joël Martin[7]

물리학자들은 최근 수십 년 동안 물질에 작용하는 기본 상호작용(힘)의 통일에 관한 연구에서 놀라운 진보를 이뤘다. 특히 1970년대에 전자기력과 약한 상호작용이 겉보기에는 영 다른데도 서로 독립적인 것이 아님을 증명해냈다. 아주 오래전 우주에서 전자기력과 약력은 하나의 똑같은 힘이었는데, 이후 분리된 것이다. 힘을 통일하는 연구는 강한 상호작용까지 확장되었다. 그렇게 해서 얻은 결과는 위력이 막강했다. 이 결과로 입자물리학의 '표준 모형'을 구성할 수 있었고, 표준 모형은 LHC로 아주 정교하게 테스트 받았다.

이 이론적 모형은 한편으로 규모가 아주 작은 물질 반응을 묘사하는 양자물리학에, 다른 한편으로 입자속도

---

7 프랑스원자력과대체에너지위원회Commissariat à l'énergie atomique et aux énergies alternatives, CEA 소속 물리학자이자 음악가.

가 빛의 속도에 근접하는 상황을 설명해주는 아인슈타인의 상대성이론에 근거한다. 물리학자들은 이 이론적 모형에 실험을 통해 결정한 여러 매개변수를 도입했으며, 덕분에 오늘날 수천억 eV 차원의 에너지까지 알려진 미시 세계의 모든 현상을 해명할 수 있었다.

입자물리학의 표준 모형이 성공적인 것이 되자, 대칭 개념을 능란하게 활용한 성과를 설명할 수 있었다. 일반적으로 우리는 한 사물이 어떤 작용을 받았는데도 겉모습이 변하지 않는다면, 그 사물은 대칭적이라고 규정한다. 이런 정의로 보면 우선 기하학적 대칭인 구球나 원기둥의 대칭이 떠오른다. 구를 예로 들어보자. 우리는 구를 어떤 각도나 어떤 축으로도 회전시킬 수 있지만, 구에게는 변하는 것이 없다. 회전 결과를 수학적으로 묘사할 수 있어서, 구를 방정식으로 나타낼 수 있다. 구는 완벽하게 대칭이므로, 구의 방정식은 구가 어떻게 회전하든 전후가 같다. 특히 회전 각도는 방정식에 나타나지 않는다. 회전 상태에 있는 구를 묘사하는 방정식은 불변한다.

그러나 기하학적 대칭보다 추상적인 대칭과 이론적으로 범위가 더 큰 대칭도 물리학에서 이용할 수 있다. 이 대칭들은 '대칭군'이라고 하는 수학적 개념에 근거하며, 대칭군으로 여러 변환도 나타낼 수 있다. 대칭군에서는 한 물체에 변환이 일어나게 만들더라도 그 물체는 불변 상태로 남는다. 물리학자들은 대칭군의 변환 중 어느 하나를 한 시스템에 적용할 때 시스템을 지배하는 법칙이 불변한다면, 그 시스템은 특정 대칭군과 관련한 특정 대칭을 준수한다는 물리적 현상까지 언급한다.

물리학자들이 대칭 개념을 추상적으로 '확대해석' 하고 나니, 대칭 고유의 속성에서 입자 간 상호작용의 구조를 추측해 보여줄 수 있었다. 좀 더 자세히 말하면 물리학자들은 제각기 전자기력이나 약한 상호작용과 관련된 대칭군을 확인하고, 같은 수학적 테두리 안에서 전자기력과 약한 상호작용을 세련되게 묘사했다. 그러고 나니 대칭군들이 이 힘들을 '통일'시켰다. 두 힘을 전문적인 용어로 '게이지이론'이라고 하는 수학적 형식주의 안에서 이웃하게 만든 것이다. 그 후에 이 방식을 강한 상호작용에도 적용할 수 있었는데, 강한 상호작용 역시 특별한 대칭군에서 파생되기 때문이다. 종합적으로 검토하면 이런 성공적인 결과는 주목할 만한 중대성이 있다. 덕분에 힘들은 이론상 입자들이 따를 것이라고 여겨져서, 임의적으로 도입한 요소들이 아니라 입자들이 따르는 대칭 속성의 결과라는 것을 확신하게 된 것이다.

$$M_e = \sigma T^4$$

$$+V\psi = E\psi$$

$$\oint_e = \frac{L}{4\pi r^2}$$

$$\frac{\Delta\psi}{2\pi} = \frac{\Delta x}{\lambda} = \frac{x_2 - x_1}{\lambda}S_2 \qquad V = c/\lambda$$

$$E = \hbar\omega \qquad k = \frac{\lambda_1}{\lambda} \qquad \frac{1}{4\pi\varepsilon_0\varepsilon_r} \qquad k = \sqrt{r\frac{M_2}{R_2}} \qquad \vec{F}_m = B I l$$

$$X_L = \frac{U_m}{I_m} = \omega L = 2\pi f L \qquad F_g = \frac{m_1 m}{}$$

$$\frac{1}{2} \qquad v = \frac{wh}{2\pi r m e} \qquad E = k\frac{q_1 q_2}{r^2} \quad U = \frac{W_{AB}}{q} = \frac{|E_{PA} - E_{PB}|}{q} = |\varphi_A - \varphi_B| \qquad \varphi_E = \frac{F_e}{q_0} = k\frac{q}{r^2}\varphi \qquad T = \frac{4 n_1 n_2}{(n_2 + n_1)^2} \qquad R_m = \frac{c}{k}$$

$$\frac{M_m}{N_A} = \frac{M_r \cdot 10^{-3}}{N_A} \qquad m = N \cdot m_0 \qquad \frac{\varphi}{\nu e} \qquad \frac{M_m}{N_A} \qquad E = \frac{E_c}{q}\int^{+a/l}\sin(\omega t + \phi)\,dy$$

$$\ell_t = \ell_0 (1 + \alpha\,\Delta t) \qquad I = \frac{U_e}{R + R_i}$$

$$E = mc^2$$

$$-\overline{U m_e} \qquad R = \rho\frac{\ell}{S} \qquad \frac{\sin\alpha}{\sin\beta} = \frac{V_1}{V_2} = \frac{w_2}{w_1} \qquad V = \frac{1}{\sqrt{\varepsilon\cdot\mu}}$$

$$\Psi_{(x)} = \sqrt{2/L}\,\sin\frac{n\pi x}{L} \qquad E = \frac{1}{2}\hbar\sqrt{k/m} \qquad \beta = \frac{\Delta I c}{\Delta I_B} \qquad \varphi_e = \frac{\Delta E}{\Delta t} \qquad \frac{w_1}{x} + \frac{w_2}{x'} = F_x = \frac{1}{2}C_x\rho\,\sigma^2$$

$$\mu \iint \vec{J}\,d\vec{S} \qquad \vec{S} = \frac{1}{\mu_0}\left(\vec{E}\times\vec{B}\right) \qquad E_k = \frac{h^2}{8mL^2}\,h^2 \qquad \oiint \vec{D}\,d\vec{S}$$

$$\frac{3kTN_A}{M_m} = \sqrt{\frac{3 R_m T}{M_R \cdot 10^{-3}}} \qquad E = \frac{\hbar k^2}{2m} \qquad M_0 = \frac{4\pi^2 r^3}{dt\,T^2} \qquad pc = \frac{1\,AU}{r} \qquad R = \frac{U}{I} \qquad \vec{F}_v = \xi$$

$$F_h = S h \rho g \qquad f_0 = \frac{1}{2\pi\sqrt{CL}} \qquad \sigma = \frac{Q}{S} \qquad M = \vec{F}d\cos\alpha$$

$$S\,I_m^2 = U_m^2\left[\frac{1}{R^2} + \left(\frac{1}{x_c} - \frac{1}{x_L}\right)^2\right]\lambda^*$$

$$R = R_0\sqrt[3]{A} \qquad \int \vec{E}\,d\vec{\ell} = -\iint\frac{\partial \vec{B}}{\partial t}\cdot d\vec{S} \qquad \rho = \frac{E}{c} = \frac{hf}{c} = \frac{h}{\lambda} \qquad u = U_m\sin\omega(t - \tau) = U_m\sin 2\pi(\frac{t}{T})$$

$$\frac{dw}{dt} \qquad \oint \vec{H}\,d\vec{\ell} = \iint\left(\vec{J} + \frac{\partial \vec{D}}{\partial t}\right)\cdot d\vec{S} \qquad \varphi = mc\,\Delta t \qquad F_g = \frac{}{}$$

$$L = 10\,\ell m \qquad \frac{I}{}$$

"분명 언젠가는 머릿속에 든 것이
입자보다 우월해질 것이다."

—

피에르 데프로주Pierre Desproges[1]

1 프랑스 유머 작가. 블랙코미디, 반순응주의, 부조리 감각으로 유명
했다.

표준 모형은 소립자의 존재에 근거하지만 소립자의 내부 구조가 알려진 바는 없고, 소립자를 쪼갤 수도 없다. 소립자는 렙톤과 쿼크로 분류된다.

렙톤이란 무엇인가?

원자핵을 단단하게 응집하는 강한 상호작용에 전혀 반응하지 않는 입자를 렙톤이라고 한다. 렙톤에는 여섯 가지 종류가 있다. 그중 세 가지는 전하를 띠지 않고 질량이 아주 미미한데, 바로 중성미자(뉴트리노)다. 다른 세 가지(전자, 뮤온, 타우 렙톤)는 질량이 있고 전하를 띠는데, 질량과 수명을 제외하면 모습이 모두 똑같다. 뮤온은 전자보다 206배 무겁고, 100만 분의 몇 초가 지나면 전자, 중성미자, 반중성미자로 분열한다. 타우 렙톤은 더 무거운데, 수명이 아주 짧아서 10^{-13}초 차원밖에 안 된다.

　오늘날에는 렙톤에 속하는 것이 진짜 소립자이고, 그래서 더 작은 개체로 쪼개질 수 없다고 생각하는 추세다. 입자가속기 덕분에 전자질량에 해당하는 에너지보다 10만 배 이상 되는 막대한 에너지 충격을 전자에 가할 수 있다. 그렇지만 한 번도 전자를 '깨뜨려' 조각낸 적 없고, 전자 내부에 감춰졌을지도 모를 알갱이 형태의 구조를 감지한 적도 없다.

　모든 입자가 그렇듯이 각각의 렙톤은 질량은 같고 전하는 반대인 반입자가 있다. 전자의 반입자를 양전자라고 부른다. 이외에 반뮤온, 반타우와 세 가지 반중성미자가 존재한다.

 ZOOM ────────────────

반물질

1927년 젊은 물리학자 폴 디랙Paul Adrien Maurice Dirac이 연필을 쥐고 이해력을 한껏 발휘해, 당시 물리학이 직면한 커다란 문제를 해결하려 고군분투했다. 이 문제는 풀지 못해도 서술하기는 쉽다. 물리학자들은 1925년 말부터 여러 상황에서 전자 같은 소립자의 반응을 묘사할 수 있는 방정식(슈뢰딩거방정식)을 사용한다. 전형적으로 양자역학을 따르는 이 방정식은 모든 수소 원자에 존재하는 전자 한 개에게서 접할 수 있는 에너지 정도를 계산할 때는 훌륭한 결과를 내놓는다. 그러나 이 정확성은 전자 속도가 빛 속도의 1/100 정도로 작을 때 발휘된다. 우주 방사선 가운데서 발견할 수 있는 전자처럼 아주 빠른 전자를 다룰 때는 전혀 그렇지 않다. 슈뢰딩거방정식은 아인슈타인의 상대성원리를 따르지 않기 때문이다. 상대성원리는 속도가 빛의 속도보다 아주 느린 입자에게는 유효하지 않다. 그런데 전자는 그 자체로 미세한 물체이고 매우 빠를 수도 있어서, 실제로 빛의 속도로 이동하기도 한다. 논리적으로 당연히 어떤 상황에서도 이 이중적 지위를 묘사할 수 있는 방정식이 필요한데, 그 방정식은 미세한 물체를 다루는 양자물리학과 아주 빠른 물체를 다루는 상대성이론이 결합하는 방식이어야 한다. 양자적이면서 상대론적인 이 방정식은 미세한 세계를 일관성 있게 묘사할 수 있어야 한다. 이것이 폴 디랙이 찾고자 결심한 것이다.

디랙은 다른 일은 제쳐두고 1년 내내 끈질기게 연구에 몰두했다. 1928년 겨울 어느 날 저녁에 디랙은 자기

이름을 단 방정식, 그것도 '최고의 방정식'이라고 확신하는 방정식을 창안하고야 만다. 그런데 이 방정식의 몇 몇 해답이 이상하다. 존재할 수 없을 것 같은, 음의 에너지를 지닌 입자에 해당하는 해답인 것이다. 디랙은 이 문제를 설명하려고 고심한다. 그는 1931년에 이 음의 에너지는 (음의 에너지가 존재한다면) 새로운 입자를 나타내는 것이고, 이 입자는 관측된 적이 없고 전자와 질량이 같으며 양전하를 띨 것이라고 예상하기에 이른다. 디랙은 이렇게 새로운 미세 입자, 전자의 반입자인 양전자의 존재를 예측해냈다.

양전자는 1932년 미국의 젊은 물리학자 칼 앤더슨Carl Anderson이 우주 방사선에서 검출한다. 오늘날에는 모든 입자에 질량이 같으면서 전하가 반대인 반입자가 존재한다고 알려졌다. 입자가 반입자와 만나면 둘의 질량이 즉각 단순한 에너지로 변하고, 뒤이어 아주 빠르게 다른 입자와 반입자로 '물질화'된다.

반물질[2]이라는 이름은 이렇게 반물질이 종전 물질과 '맞서고' 반대해서가 아니라, 종전 물질의 '거울'상으로

---

2 반입자의 개념을 물질로 확대한 용어라서 반입자보다 보편적이다.

나타나기 때문에 붙었다. 여기에서 접두사 '반反-'은 반식민주의자나 반전운동 같은 단어의 의미가 아니라, 정반대 쪽 같은 단어의 의미다. 북극은 남극의 정반대 쪽이지만, 적대적인 의미는 없다.

결국 물리학자들은 반물질의 존재가 분명 물리학의 기본 법칙 중 가장 중요한 법칙인 인과율과 관련이 있다는 것을 이해했다. 인과율은 돌이킬 수 없는 맥락에 따라 사건이 진행되고, 그 사건이 과거의 것이 되면 절대로 변경할 수 없음을 뜻한다. 디랙방정식의 해답 가운데 음의 에너지가 등장하는 것은 결국 인과율의 몇몇 결과가 드러난 것일 뿐이다. 디랙방정식은 입자물리학이라는 특유의 범주를 통해 어떤 물리학에서든 과거로 거슬러 올라가는 것이 근본적으로 불가능함을 나타낸다.

쿼크란 무엇인가?

"그는 오늘 아침에도 양말 세 켤레를 짝짝이로 묶어놓았다."

에리크 슈비야르Éric Chevillard[3]

앞에서 강한 상호작용에 민감한 350여 가지 하드론이 존재한다고 언급했다. 대다수 하드론은 우주 방사선과 2차 세계대전 이후 대형 입자가속기로 추진된 고에너지 실험을 통해서 검출되었다.

1960년대 초 몇몇 물리학자들은 각양각색 하드론이 내부 구조가 없는 최소 입자가 아닐 수 있다고 상상했다. 1964년 머리 겔만Murray Gell-Mann과 게오르크 츠바이크Georges Zweig가 (따로따로) 진술한 쿼크 이론이 이와 같은 예감을 처음으로 형식화하는 영광을 누렸다. 쿼크 이론은 하드론이 자신보다 작은 입자인 쿼크로 구성된 혼합 입자일 것이라는 전제에서 출발했다. 바리온(중입자)이라고도 부르는 몇몇 하드론[4]은 쿼크 세 개로 구성

---

[3] 프랑스 소설가.

[4] 양성자와 중성자를 말한다.

되었다. 중간자(메손)라고 부르는 몇몇 하드론은 쿼크 한 개와 반쿼크 한 개로 구성되었다.

두 사람의 쿼크 이론은 초기에 주목을 받지 못하다가, 1974년부터 실시된 실험을 통해 확실하게 증명되면서 명성을 얻었다. 쿼크 이론 덕분에 하드론의 구조를 섬세하게 이해할 수 있었다.

쿼크에는 여섯 종류가 존재하는데, 각각의 쿼크에 '맛(혹은 향)'의 이름을 붙여 구분한다. 쿼크의 여섯 가지 맛은 u, d, s, c, b, t라는 문자로 지정되었다(영어 단어 *up*, *down*, *strange*, *charm*, *beauty*, *top*의 첫 자를 따옴). 이 맛으로 하드론의 구조를 재구성할 수 있다. 예를 들면 양성자는 u쿼크 두 개와 d쿼크 한 개로 구성되어 쿼크 세 개가 한 세트(uud)다. 중성자는 u쿼크 한 개와 d쿼크 두 개로 구성되어 udd 세트가 된다. 전하를 단위로 삼는다면 양성자의 전하는 u쿼크의 전하가 2/3이고 d쿼크의 전하가 −1/3이므로, 전체 전하는 양성자 한 개의 전하와 같아진다($2/3+2/3-1/3=1$). 중성자는 제로가 된다($2/3-1/3-1/3=0$).

한 쿼크의 맛이 다른 쿼크와 구별하기 위한 분류 장치인 것만은 아니다. 맛은 쿼크들이 약한 상호작용을 하는 방식을 규정한다. 마찬가지로 쿼크들의 전하는 전

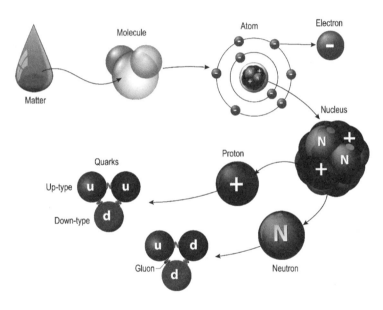

자기력을 통해 쿼크들이 상호작용 하는 방식을 결정한다. 예를 들어 약한 상호작용은 d쿼크를 u쿼크로 변환하고, 이런 변환은 중성자(udd)가 양성자(uud)가 되는 베타 분열 때 발생한다.

쿼크에는 맛 이외에 아주 중요한 속성이 있는데, 바로 '색色' 이름이 있다는 점이다. 입자물리학자들이 색 이름에 부여하는 의미는 물체의 실제 색깔과 아무런 상관이 없다. 쿼크의 맛(향)도 훌륭한 요리의 맛과 아무런 상관이 없다. 쿼크는 색이라는 단어의 종전 의미에서 색을 전혀 띠지 않는다. 쿼크의 색은 강한 상호작용 방식을 안내하는 분류 기준일 뿐이다. 쿼크를 위해 임의적으로 선택한 색은 빨강, 파랑, 녹색이다. 양성자나 중성자 속 쿼크 세 개는 각각 다른 색이다. 그래서 빨강 쿼크, 녹색 쿼크, 파랑 쿼크가 존재한다. 평균적으로 양성자나 중성자는 '무색'이다. 무색은 모든 색이 더해진 색이기 때문이다.

쿼크 이론에 따르면 무색 입자들만 실험실에서 탐지 가능하다. 한 가지 특정 색을 띠는 쿼크는 개별적으로 관찰되지 않는다. 개별적인 쿼크는 안 되고 하드론만 검출된다. 쿼크는 항상 하드론 내부에 '틀어박힌' 채로 있다.

강한 상호작용은 글루온의 교환을 통해 쿼크들을 결합시킨다. 글루온은 강한 상호작용의 매개 입자다. 글루온은 끊어지지 않는 고무줄처럼 움직이는데, 한 가지 단순한 기능을 한다. 글루온은 하드론 내부의 쿼크들을 '끈적끈적 달라붙게' 한다. 글루온에는 여덟 가지 종류가 있다. 글루온도 한 가지 색을 띠며, 그 색을 상호작용 하는 쿼크들의 색과 주고받는다. 글루온은 파랑에서 빨강 혹은 녹색에서 파랑 등으로 변하며 세 가지 색의 불길이 격렬하게 요동친다. 이렇게 색이 끊임없이 교환되면서 쿼크와 글루온 사이에 일종의 얽힘 현상이 일어나고, 덕분에 하드론은 (일시적으로나마) 안정성을 확보할 수 있다.

쿼크와 글루온은 맛이나 색 같은 일상용어로 지정된 속성으로 차림새를 하지만(물리학자들은 자기들 분야에서 커지는 추상적 관념을 완화하고 싶어 한다), 여전히 아주 이상한 존재들이다. 실제로 쿼크와 글루온은 아주 비좁은 곳에서 서로 밀치지만, 서로 껴안고 싶은 마음은 거의 없어서 동료의 존재를 잘 참아내지 못한다. 좁게나마 서로 간격이 있어야 자유롭다. 러시아워에 지하철을 타는 사람들은 이 마음을 알 것이다. 그렇지만 이런 자유는 잘 허용되지 않는다. 쿼크는 자기가 속한

혼합체에서 벗어날 수 없기 때문이다. 쿼크들이 벗어날 수 없을 것 같은 감옥 안에서 자유로워져야 무슨 일이든 생길 것이다. 그런데 입자가속기로 충격을 주어 쿼크 한 개를 상호작용 하는 다른 쿼크와 글루온에서 떨어져 나가게 만들 때, 떨어져 나가는 간격이 커지면 쿼크들끼리 결합력이 더욱 세져 외부에서 부담해야 할 에너지가 급속도로 커진다. 알뜰하게도 자연은 외부에서 받은 에너지를 다른 쿼크와 반쿼크를 만드는 데 사용하기를 좋아한다. 즉 하드론에서 빠져나오려는 쿼크는 즉시 같이 있던 파트너 쿼크들의 막으로 감싸이고, 그 막 안에서 쿼크는 파트너 쿼크들과 새로운 하드론을 형성한다. 달리 말하면 쿼크는 항상 외출할 옷차림이어서, 쿼크의 맨몸은 결코 볼 수가 없다.

표준 모형은 쿼크와 렙톤을 동일한 방식으로 구조화한 3세대를 통합한다. 각각의 세대는 쿼크 두 개와 렙톤 두 개로 구성되었다. 사실 하나의 세대(전자, 전자 중성미자, u쿼크, d쿼크로 구성된 한 세대)만으로 우리를 둘러싼 물질을 이해하는 데 충분하다(예를 들어 원자는 양성자와 중성자, 그러니까 u쿼크와 d쿼크로 구성된 원자핵과 그 주위를 도는 전자로 구성되었다). 그러면 다른두 세대는 어디에 쓸모가 있을까? 자연은 거의 같은 것

을 세 번 만들고 '머뭇거리기로' 작정한 것일까? 물리학
자들은 여전히 답을 찾지 못하고 있다.

ZOOM

고에너지 입자를 어떻게 만들까?

물리학자들은 가능하면 높은 에너지를 가해 입자들끼
리 충돌시키려 한다. 왜 그럴까? 충돌에 들어가는 에
너지가 높을수록 조성되는 물리적 환경(온도와 에너지
밀도 측면)이 초기 우주 때 빅뱅 이후 몇 분의 1초 동
안 존재한 환경과 비슷해지기 때문이다. 입자를 충돌시
키면 우주의 기원에 관한 정보를 제공해주는 상황을 만
들 수 있다.

에너지는 일반적으로 줄J 단위로 측정한다. 그러나 물
리학자들은 입자 에너지를 수량화하기 위해 자신에게
더 적절한 전자볼트eV 단위를 사용한다(eV는 1V 전위
차에 의해 가속된 전자 한 개가 획득하는 에너지). 가장
강력한 입자가속기 내부에서 순환하는 입자는 10^{12}eV
차원의 에너지를 지닌다. 이 막대한 수치를 보라. 혹시
입자가속기는 변장한 폭탄이 아닐까?

의심할 여지가 없도록 위 입자 에너지와 나는 모기 한 마리의 에너지를 비교해보자. 1m/s를 이동하는 질량 2mg의 모기 한 마리가 있다고 하자(상대성이론과 관련 없는 모기다). 모기의 운동에너지는 모기 질량의 절반에 모기 속도의 제곱을 곱한 값이다. eV로 표현하면 에너지 수치가 높아져 계산하고 나면 $6.25 \times 10^{12}eV$가 된다. 그러니까 대형 입자가속기 내부에서 순환하는 입자 한 개의 에너지보다 여섯 배 정도 크다. 그렇다면 왜 모기끼리 충돌시키거나 취시통[5]에 쌀알을 넣고 쏘아 쌀알끼리 충돌시키지 않을까? 모기나 쌀알은 물리학자들의 입자보다 큰 에너지를 갖지 않겠는가? 이렇게 하면 초기 우주 때 일어난 상황에 좀 더 근접할 수 있을 것이다. 비용도 훨씬 적게 들고.

그러나 이런 논리는 타당하지 않다. 모기끼리 충돌시켜 봤자 아무런 흥미로운 점도 알아내지 못한다. 중요한 것은 에너지가 아니라 에너지밀도, 즉 단위 부피당 에너지의 양이기 때문이다. 모기 한 마리의 몸은 엄청난 원자와 분자로 구성되고, 그 원자와 분자는 모기의

---

5 입으로 불어 화살을 쏘게 만든 통.

전체 에너지를 나눠 갖기 때문에 각각의 원자나 분자가 갖는 에너지는 터무니없이 미미하다. 소립자 한 개는 거의 점과 같다. 이 소립자를 가속하면 입자 에너지가 높아져 자신의 미세한 부피에 집중된다. 이렇게 에너지밀도가 아주 높아진 입자들이 충돌할 때 아주 놀라운 현상이 일어난다. 다른 어디에도 존재하지 않는 새로운 입자가 만들어지는 것이다.

입자들이 충돌하면 여러 조각으로 부서지나?

우리는 "물질은 보존된다"고 말한다. 이런 생각이 딱히 새로운 것은 아니다. "물질은 새로 생기지도 없어지지도 않는다. 변할 뿐이다"라는 라부아지에_{Antoine Laurent} Lavoisier의 그 유명한 견해가 있지 않았는가? 이 법칙(질량보존의 법칙) 덕분에 소유권을 주장할 수 있다. 내가 길가에 세워둔 자전거를 찾으러 갔을 때 자전거가 그 자리에 없다면, 누가 내 자전거를 훔쳐 갔다고 결론 내릴 권리가 있는 것이다. 자전거가 '증발해'버렸다고, '무無'가 되었다고 생각하지는 않는다. 나는 단지 자전거를 구성하는 물질은 항상 존재하는데, 그 물질이 다른 곳으로 옮겨졌다고 상상한다.

그런데 이 보존의 법칙은 미세한 물질에는 정확하게

적용되지 않는다. 우리 주변에 널린 물체의 경우, 예를 들어 유리 두 장이 부딪히면 산산조각 난다. 유리 조각은 충돌한 유리에서 부서진 조각이다. 부딪히기 전에 존재하지 않던 물질이 생기지도 않는다. 그러나 미시 세계에서는 상황이 이런 식으로 발생하지 않는다. 미시 세계의 입자는 우리가 보통 이해하는 의미로 부서지지 않는다. 입자에게는 입자의 조각이라는 개념조차 거의 의미가 없어서, 인형 안에 똑같이 생긴 작은 인형을 넣는 러시아 인형의 은유가 미시 세계에서는 한계가 있다.

고에너지를 지닌 두 입자가 충돌할 때 갑자기 다른 입자들이 나타나는 것을 보는데, 그 입자들은 충돌 전에 있던 것들이 아니다. 그러니까 이 다른 입자들은 처음 두 입자의 조각이 아니다. 사실은 고에너지를 지닌 두 입자가 충돌할 때 이 에너지가 새로운 입자 형태로 급격히 물질화 되어, 빈 공간에서 튀어나온 것이다. 그러므로 빈 공간은 무가 아니고 물질의 서막인 셈이다. 적게라도 빈 공간에 에너지를 부여하면 빈 공간은 자신이 포함한, 그러나 불완전하고 가상적이고 잠재적인 형태인 입자들을 만들어낼 수 있다.

대형 입자가속기 옆에 배치된 검출기로 관찰하는 과정에 물질(질량)은 보존되지 않는다. 전체 에너지가 불변할 뿐인데, 충돌하는 입자들의 에너지는 충돌할 때 갑자기 나타나는 입자들이 지닌 에너지를 모두 합한 것과 같다.

입자들은 어떻게 우주의 초기 모습을 우리에게 보여줄까?

"자기야, 난 자기 과거를 질투하지 않아."

폴 베를렌느Paul Verlaine

물리학은 현상들의 일정한 관련성, 변함없는 관계를 탐구하는 데 전념한다. 물리학이 역사나 발달 과정에 열중할 때도 물리학은 시간과 무관한 형식, 법칙, 규칙으로 그 역사와 과정을 서술한다. 이렇게 물리학은 시간에 종속되지 않는 개념에 근거하는 '변환의 확고한 체계' '변화의 정해진 지침'을 구축하고자 한다.

물리학에 선택권이 있는 것일까? 물리학은 역사를 초월하는 법칙을 사용하지 않고도 현상들의 사실성을 말할 수 있었을까? 모든 것을 앗아 가는 끊임없는 시간의 흐름 속에서 불변 상태로 남는 것이 하나도 없었다면 세계는 인식 가능한 대상이기를 멈추고, 모든 것이 혼돈 속으로 사라지지 않았을까? 사실 변화나 생성을 단번에 통합하는 개념을 갖춘 물리학은 존재하지 않는다. 크기가 변한다고 주장만 하면서 변화를 표현했다고 말할 수는 없는 일이다. 곰곰이 생각해보자. 물리학 법칙을 진술하는 동안 사용하는 개념들이 불변하는 것이라고 가정하지 않았다면 어땠을까? 이 개념들이 세월의 흐름에 따라 계속 변해왔다면 물리학 법칙의 위상은 어떻게 되었을까? 이 개념들은 여전히 법칙을 서술하고 파악하고 예견할 수 있었을까? 여전히 법칙과 관련이 있었을까?

1918년 수학자 에미 뇌터Amalie Emmy Noether가 증명한 '뇌터의 정리'가 이런 생각에 아주 큰 힘을 실어준다. 예를 들어 물리학 법칙이 시간 이동이 있어도 불변한다고 가정하자. 달리 말해서 기준이 되는 순간이나 일정한 '시초'의 순간을 변경한다고 하더라도 물리학 법칙은 변하지 않는다고 가정하자. 그렇다면 모든 물리학 실험을 지배하는 법칙이 실험이 실행되는 특정 순간에 종속되지 않는다고 말할 수 있다. 즉 모든 순간은 동일한 가치가 있고 시간은 변화의 영향을 받지 않기 때문에, 다

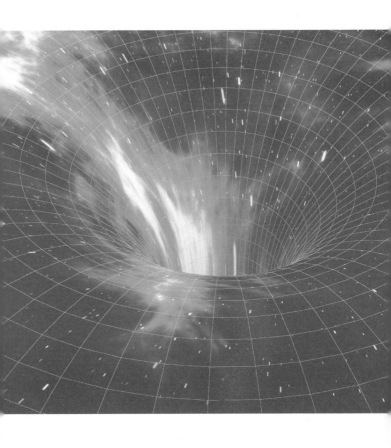

른 순간에게 절대적인 기준이 될 수 있는 특별한 순간은 존재하지 않는다. 이것이 에미 뇌터가 증명한 것이다. 위와 같이 가정한 뒤부터 시간 이동에 따른 물리학 법칙의 불변성에서 보존의 법칙이라는 당연하고 직접적인 결과를 얻고, 이 경우 에너지보존법칙이 그것이다.

이 결과물을 설명하기 위해 한 가지 예를 들자. 중력이 시간에 따라 주기적으로 변한다고, 예를 들어 중력이 매일 정오에는 매우 약해지다가 자정에는 매우 강해진다고 상상해보자. 그리고 매일 정오에 건물 꼭대기로 짐을 올려 보내고, 자정에 허공에 내던진다고 하자. 이렇게 해서 얻은 에너지는 소비된 에너지보다 높을 것이다. 따라서 에너지는 더 이상 보존되지 않을 것이다.

그런데 에너지보존법칙에는 통상적인 진술을 훨씬 뛰어넘는 의미가 있다. 에너지보존법칙은 바로 물리학 법칙의 영속성, 다시 말해 시간이 흘러도 물리학 법칙은 불변한다는 것을 나타낸다.

오늘날의 우주가 초기 우주와 별로 유사하지 않다는 견해에 반론을 제시해야겠다. 확실히 물리적 환경은 변했지만, 물리학 법칙은 그렇지 않다. 시공간의 모든 지점에서 우주는 예전의 기억과 초기 순간의 각본을 재연할 능력이 있다. 그렇기 때문에 물리학자들이 고에너지 입자가속기로 격렬한 입자 충돌을 일으킬 때, 우주의 아주 먼 과거에 대한 정보를 얻을 수 있는 것이다. 실제로 물리학자들은 아주 작은 부피에서 아주 짧은 지속 기간 동안, 초기 우주의 극단적인 물리적 상황(아주 높은 온도와 아주 큰 에너지밀도)을 만들고 또 만들어낸다. 입사한 입자들끼리 충돌하면 입자들의 에너지가 물질화되어 수많은 다른 입자들이 생긴다. 이런 입자들은 대부분 우주에 더 이상 존재하지 않는다. 그러니까 너무나 일시적인 이 입자들은 순식간에 더 가볍고 더 안정한 다른 입자들로 변환하고, 이 입자들이 오늘날의 물질을 구성한다. 그러나 우주는 불변의 물리학 법칙에 따라 지금은 존재하지 않는 이런 입자들이 자기 내부에 다시 나타나게 할 능력을 잘 간직해왔다.

이 점이 중요한데, 우주만이 입자물리학자들과 우주물리학자들이 긴밀하게 협력한 이유를 이해시키기 때문이다. 이들은 현재 고에너지로 입자들을 충돌시켜서 우주의 먼 과거의 모습을 알아내고 있다.

$$M_e = \sigma T^4$$

$$V\psi = E\psi$$

$$E = \hbar\omega$$

$$\Phi_e = \frac{L}{4\pi r^2}$$

$$\int \frac{\Delta\psi}{2\pi}$$

$$\frac{\Delta x}{\lambda} = \frac{x_2 - x_1}{\lambda} S_2$$

$$V = c/\lambda$$

$$\Delta t = \frac{\Delta t'}{\sqrt{1-\frac{v^2}{c^2}}}$$

$$k = \frac{\lambda_1}{4\pi\varepsilon_0\varepsilon_r} \quad v_s = \sqrt{\frac{M_2}{R_s}} \quad \vec{F}_m = B\,I\,\ell = \frac{\mu_1}{2}$$

$$X_L = \frac{U_m}{I_m} = \omega L = 2\pi f L \quad F_g = \frac{m_1}{r^2}$$

$$U = \frac{W_{AB}}{q} \quad |E_{pA} - E_{pB}| \quad |\varphi_A - \varphi_B| \quad T = \frac{4n_1 n_2}{(n_2+n_1)^2}$$

$$\varphi_E = \frac{F_E}{q_0} = k\frac{Q}{r^2} \quad R_m = \frac{c}{T} \quad k = \pm\sqrt{\frac{2m}{\hbar^2}}$$

$$m = N\cdot m_0 \quad \frac{Q}{\nu e} \quad \frac{M_m}{N_A} \quad E = \frac{E_c}{a}\int_{-a/2}^{+a/2}\sin(\omega t+\phi)\,dy$$

$$\frac{M_m}{N_A} = \frac{M_r \cdot 10^{-3}}{N_A} \quad \ell_t = \ell_0(1+\alpha\Delta t) \quad I = \frac{U_e}{R+R_i} \quad \omega = 2$$

$$\overline{U_m e} \quad R = \rho\frac{\ell}{S}$$

$$E = mc^2$$

$$\frac{\sin\alpha}{\sin\beta} = \frac{V_1}{V_2} = \frac{n_2}{n_1} \quad V = \frac{1}{\sqrt{\varepsilon\cdot\mu}}$$

$$\Psi_{(x)} = \sqrt{2/L}\,\sin\frac{n\pi x}{L} \quad E = \frac{1}{2}\hbar\sqrt{k/m} \quad \beta = \frac{\Delta I_c}{\Delta I_B} \quad \Phi_e = \frac{\Delta E}{\Delta t} \quad \frac{w_1}{x} + \frac{w_2}{x'}$$

$$E_k = \frac{2\pi\sin^2\varphi}{\lambda}\hbar^2$$

$$\vec{S} = \frac{1}{\mu_0}(\vec{E}\times\vec{B}) \quad E_k = \frac{n^2}{8mL^2}\hbar^2 \quad \oint \vec{D}\,d\vec{S} =$$

$$\frac{kT N_A}{M_m} = \sqrt{\frac{3R_m T}{M_r\cdot 10^{-3}}} \quad E = \frac{\hbar^2 k^2}{2m} \quad 1\,pc = \frac{1\,AU}{r} \quad s \quad R = \frac{U}{I} \quad F_V = \xi$$

$$F_n = S h \rho g \quad f_0 = \frac{1}{2\pi\sqrt{CL}} \quad \sigma = \frac{Q}{S} \quad M = F d\cos\alpha$$

$$I_m^2 = U_m^2\left[\frac{1}{R^2} + \left(\frac{1}{x_c} - \frac{1}{x_L}\right)^2\right] \quad \lambda^*$$

$$R = R_0\sqrt[3]{A} \quad \oint \vec{E}\,d\vec{\ell} = -\iint_S \frac{\partial\vec{B}}{\partial t}\,d\vec{S} \quad u = U_m\sin\omega(t-\tau) = U_m\sin 2\pi(t)$$

$$\oint_{C(s)} \vec{H}\,d\vec{\ell} = \iint_S \left(\vec{J} + \frac{\partial\vec{D}}{\partial t}\right)\cdot d\vec{S} \quad Q = mc\Delta t$$

$$L = 10\,\text{lm}$$

"자연을 들여다볼 수 있는 안경을 쓴다면,
자연에서는 안개 낀 날이 맑은 날이라는 것을
알게 될 것이다."

—

호르헤 루이스 보르헤스Jorge Luis Borges

알다시피 20세기 동안 '미시 세계의 정복자들'은 눈부신 진보를 이뤄냈다. 100년 전에는 원자의 존재를 믿지 않을 정도였는데 말이다. 우선 이들은 수많은 입자를 확인하고 분류하는 데 성공했다. 그 후 전자기력과 약한 상호작용이 겉보기에는 아주 다르지만 서로 다른 것이 아님을 증명했다. 우주의 아주 먼 과거에 두 힘은 같은 힘이었지만, 그 후에 분리된 것이다.

　힘이 통일되는 과정은 원자핵의 응집력을 담당하는 강한 상호작용까지 넓힐 수 있었다. 전자기력과 약한 상호작용을 통일할 때 활용한 수학 원리를 똑같이 적용한 것인데, 덕분에 4대 기본 힘 중에 세 가지를 서술하는 훌륭한 성과를 거뒀다. 그리고 입자물리학의 '표준 모형'을 구성한다.

　이 정도면 축하의 샴페인을 터뜨려도 되지 않을까? 물리학자들이 제일 먼저 그렇지 않음을 시인한다. 개념적 차원의 문제들이 확인되었기 때문이다. 우선 아주 짧은 거리에서는 표준 모형이 근거를 두는 원리들이 강렬하게 대립하고, 그 결과 방정식들이 기능을 하지 못한다. 이 말은 초기 우주 때 더 높은 에너지로 전개된 현상들을 묘사하기 위해서는 새로운 개념적 틀이 필요하다는 뜻이다. 그것이 있어야 일반상대성이론에서는 따로 묘사되는 중력(네 번째 힘)을 표준 모형이 다룰 수 있다. 중력을 어떻게 통합할까? 통합할 수 없다면, 중력과 다른 세 가지 힘을 동시에 서술할 수 있는 총괄적 틀을 어떻게 구축할까? 작업은 아주 까다롭다. 입자물리학의 표준 모형 속 시공간은 평평한데, 일반상대성이론의 시공간은 동적이고 잘 휘기 때문이다.

대담한 이론가들은 도전 의식이 강하다. 꾀꼬리가 노래하듯이 즐겁게 계산을 하는 이 사람들은 기이한 가설, 예를 들면 시공간이 4차원 이상을 점유한다거나 시공간이 매끄럽다기보다 불연속적이라고 하는 가설을 공식으로 나타내는 것을 주저하지 않는다. 이들이 공들여 만든 '신물리학'은 완전히 매력적이다. 이 이론가들은 선험적으로 주어진 시공간에서 신물리학이 효과를 발휘하도록 강제할 생각이 없다. 그보다 신물리학이 처음에는 시간과 공간이 결핍될 수 있는 입장에서 출발해 시공간과 관련된 논쟁의 장을 만들어 나가길 원한다. 작은 새들의 공간과 추시계의 시간은 미시 세계로는 담을 수 없는 구조로 모습을 나타내는 간단한 개념일 뿐일까?

문제는 이것만이 아니다. 이론적 차원의 다른 난관들이 있고, 몇몇 결정적인 문제가 명확한 답변을 기다린다. 지금부터 물리학자들이 제기한 몇 가지 질문을 명확하게 진술해볼 것이다. 물리학자들은 앞으로 10년이나 20년 안에 이론, 실험, 관찰을 통해서 이 질문에 관한 여러 관점이 나오기를 고대한다.

입자들은 어떻게 질량을 갖게 되었나?

"대중은 본능적으로 이상을 꿈꾼다."

빅토르 위고Victor Marie Hugo

말했다시피 표준 모형은 상호작용을 다루기 위해 예측의 관점에서 아주 효과적인 여러 대칭 원리에 근거를 두고 있다. 그러나 대칭 원리에는 거슬리는 문제가 하나 있다. 대칭 원리는 상호작용 하는 입자들이 질량을 가져서는 안 된다는 점을 전제로 한다. 실제로 전자기력 매개 입자인 광자는 질량이 없지만, 약한 상호작용을 매개하는 W^+, W^-, Z^0 입자는 그렇지 않다. 정식으로 측정된 이 입자들의 질량은 양성자 질량의 약 100배나 된다. 이론과 실험 사이의 명백한 모순은 1960년대 말에 해결되었다. 해결책은 우주 역사에서 아주 일찍부터 작용했을 '자발적 대칭 깨짐'을 내세우는 것이었다. 자발적 대칭 깨짐이란 무엇인가? 아주 복잡한 문제지만, 손해 볼 것은 없으니 이 문제와 유사한 상황을 예로 들겠다. 병 속 밑바닥에 구슬 하나를 놓자. 옆에서 보면 혹이 난 모습 같을 것이다. 구슬이 병 바닥에서 자리 잡을 수 있는 모든 위치 중에서 대칭을 잘 이루는 곳은 가운데, 즉 가장 높은 위치다. 그러나 이 위치는 너무 불안정해서 구슬을 그곳에 놓으면 곧 가장자리로 굴러간다. 이때 구슬은 오른쪽, 왼쪽, 앞쪽, 뒤쪽 어떤 방향으로든 갈 수 있다. 구슬이 멈추는 최종 위치는 처음 위치보다 덜 대칭을 이루는 곳일 테고(구슬은 처음에 동등하게 어떤 방향으로도 굴러갈 수 있지만 결국 특정한 방향으로 굴러간다), 구슬이 지닌 최종 에너지도 처음보다 약해졌을 것이다(구슬은 낮은 위치로 내려가면서 잠재적 에너지를 상실하므로). 이렇게 처음에 지닌 대칭성을 줄여가는 경향이 있는 체계의 역학을 예로 들어보았다. 그래서 최종 상태는 에너지가 더 낮고, 처음 상태보다 덜 대칭을 이룬다. 이런 현상을 물리학자들은 '자발적 대칭 깨짐'이라고 부른다.

이제 질량 문제를 다시 검토해보자. 물리학자들은 초기 우주에서 이루어진 자발적 대칭 깨짐이 끝난 뒤, 그때까지 혼합되고 질량이 없는 네 개 입자(1+3)가 매개하던 전자기력과 약한 상호작용이 갑자기 나눠졌을 것이라고 생각한다. 그리고 오늘날 우리가 아는 대로 전자기력은 유효 거리가 무한하면서 매개 입자 한 개를 갖게 되었고, 약한 상호작용은 유효 거리가 아주 짧으면서 매개 입자 세 개를 갖게 되었다.

물리학자들은 힉스 메커니즘이라고 이름 붙인 과정이 처음에는 질량이 없던 W^+, W^-, Z^0 입자에게 질량을 부여했을 것이라는 점을 증명했다. 힉스 메커니즘은 질량을 부여하면서, 강력하게 약한 상호작용의 유효 거리를 줄였을 것이다.

더욱이 힉스 메커니즘이 제대로 진행되었다면 또 다른 입자 형태로 흔적을 남겼어야 하는데, 그것이 바로 힉스 보손이다. 이 추측에는 이런 생각이 숨어 있다. 모든 공간에 존재하는 힉스 보손은 우주 입자들과 끊임없이 충돌하고, 그 까닭에 우주 입자들은 마치 질량이 있는 것처럼 움직임이 더뎌진다는 생각이다. 이런 맥락에서 입자를 언급한다면, 어떤 입자가 매우 무겁다는 것은 그 입자가 힉스 보손과 아주 강하게 상호작용 한다는 말이 된다. 40여 년 전부터 예측해온 힉스 보손은 당연히 수명이 아주 짧을 것이다. 먼저 테바트론이라는 양성자−반양성자 입자충돌기를 이용해 시카고Chicago에서 활발히 힉스 보손을 찾았으나, 테바트론은 2011년에 가동을 중단했다. 2008년부터 제네바 CERN의 LHC가 그 역할을 했고, 2012년에 드디어 힉스 보손을 발견했다. 그래서 힉스 보손은 표준 모형으로 서술되는 다른 입자들처럼 실제로 존재하는 입자라는 것을, 물리학자들이 잘못 유혹한 수학적 기교가 아니었음을 확인할 수 있었다.

그런데 반입자는 어디로 사라진 것일까?

> "일관성은 바보들의 덕목이다."
>
> 오스카 와일드Oscar Wilde

우주의 물질은 현재 반입자가 아니라 입자로만 구성되었다. 달리 표현하면 반물질은 물리학자들이 실험실에서나 만들고, 실험실 밖에서는 사실상 존재하지 않는다. 그러나 항상 그랬던 것은 아니다. 먼 과거에 우주는 거의 입자만큼 반입자를 지니고 있었다. 따라서 문제가 제기된다. 입자와 반입자가 대칭 속성이 있고 정확하게 같은 힘들의 영향을 받았을 텐데, 왜 세상은 반입자가 아니라 입자로 구성되었을까?

은하는 공간에 물질의 섬들이 모인 것이다. 은하 중 몇몇은 반물질로 구성되었을 수 있지 않을까? 이 가설은 관측을 통해 틀린 것으로 파악됐다. 물질 은하와 반물질 은하의 충돌이 일어나 물질과 반물질이 소멸되고 (쌍소멸), 그로 인해 에너지가 매우 높고 아주 강렬한 복사가 일어나 사방의 하늘을 점령했을 것이기 때문이다. 비록 관측된 적은 없지만 말이다. 게다가 물질과 반물질이 거대한 동일 구조를 형성하기 위해 물질을 반물질에서 완전히 분리하는 과정이 있었으리라고는 아무도 상상하지 못했다. 우리는 우주 안에 있는 비대칭성의 존재를 인정할 수밖에 없었다. 즉 우주에서 반물질은 제거되었고, 물질이 우주를 지배한다.

우주생성론의 표준 모형 예측에 따르면 초기 우주는 물질과 반물질을 균형 있게 포함하고, 광자들 속에서 계속적으로 생성되고 소멸되었다. 우주가 팽창해 우주 한 가운데는 점차 냉각되었고, 일정한 부피 안에서 사용할 수 있는 에너지가 감소했다. 가장 무거운 입자들은 물질화 되기 위해 에너지가 더 필요했고, 핵분열을 일으켜 덜 무거운 다른 입자들을 탄생시킨 다음 제일 먼저 사라졌다. 가장 가벼운 입자들이 남았고, 입자들의 간격은 팽창 때문에 점차 커졌다. 그에 맞게 밀도가 낮아졌고, 입자 소멸의 빈도 역시 점점 줄었다. 그러나 이것으로는 물질 양과 반물질 양의 균형이 깨지기에 충분하지 않았다. 물리학자들은 아직 우주의 아주 먼 과거에, 반물질이 사라져 물질이 유리해질 수 있었던 메커니즘은 상상하지 못했다.

나중(1975년)에 노벨 평화상을 받은 안드레이 사하로프Andrey Dimitriyevich Sakharov가 1967년에 처음으로 물질이 반물질보다 미세하게 많았을 가능성을 검토했다. 그는 이런 비대칭성이 출현하는 데 필요한 세 가지 환경을 제시했다(이 환경이면 몇몇 입자는 어떤 상황에서든 자기들의 반입자와 똑같이 행동하지 않을 수 있다). 사하로프는 자신이 진술한 세 가지 환경이 제대로 충족된 것이라면, 우주 초기에 만들어진 양성자와 중성자(오늘날의 물질을 구성하는)의 수가 반양성자와 반중성자의 수보다 아주 조금 많았을 것이라고 설명했다. 물질과 반물질이 만나 소멸이 일어난 뒤에 모든 반물질과 대다수 물질이 사라졌겠지만, 물질의 잉여분이 극도로 조금(대략 10억 개 중 한 개 비율로 물질이 더 많이) 남았을 것이다. 그리고 물질의 잉여분이 오늘날 우리가 관측하는 물질과 우리 몸을 만든 물질을 구성한다는 것이다. 따라서 현 우주의 물질은 엄청난 살육에서 믿기지 않게 살아남은 존재들이다.

이제는 이 추측을 확증하거나 파기하는 일만 남았다.

자연은 '초대칭'을 좋아할까?

> "자연은 등장인물이 여럿인 드라마다."
>
> 빅토르 위고

세련된 것을 좋아하는 이론가들은 물질과 물질의 상호작용에 일종의 '교량'을 설치하고 대칭 개념을 더 깊이 파고들었다. 이론가들은 힘과, 힘을 전달하는 매개 입자의 영향을 받는 물질 입자들 사이에 은밀한 관계가 존재할 것이라고 암시하면서 힘과 입자들을 유사한 방식으로 묘사했다. 이것이 오늘날 '초대칭'이라고 부르는 것의 기본 원리다. 1970년대부터 제기된 이 이론은 물질 입자와 상호작용 하는 입자 사이에 엄격한 동등성을 필요로 한다. 이 이론은 물질을 둘로 나눠야 성립할 수 있어서, 이미 알려진 각 입자에 '초대칭 짝' 입자를 대응시킨다. 전자는 셀렉트론과, 쿼크는 스쿼크와, 광자는 포티노와 쌍을 이루는 식이다. 이렇다면 당연히 소립자 전체 정원은 즉시 두 배가 된다.

초대칭 이론은 힘들을 통일하기 위한 새로운 단계로 건너가면서 표준 모형을 '넘어서려고' 한다. 아직 어떤 실험적 증거도 초대칭 이론을 뒷받침하지 않지만(현재까지 입자들의 초대칭 짝은 하나도 발견된 것이 없다), 초대칭 이론은 물리학자들을 매료한다. 이 이론이 아주 매력적인 것은 사실이다. 그러나 물리학자들은 초대칭 이론으로 만족하지 않는다. 매력적인 것이 반드시 참된 것은 아님을 경험으로 알기 때문이다. 초대칭 이론이 자연에 잘 들어맞는지 알려면 어떻게 해야 할까? 초대칭 이론은 초대칭 입자들이 모습을 드러낼 때까지, (양성자와 같은) '정상적' 입자들을 가속해 고에너지 상태에서 격렬하게 충돌시키는 것으로 족하다고 답한다. 초대칭 이론은 초대칭 입자들이 쌍을 이뤄 나타날 것이고, 각각의 초대칭 입자는 보통 입자와 또 다른 초대칭 입자로 분열될 것이라고도 말한다. 이 현상이 이론가들의 착각이 아니라면, LHC로 관측할 수 있을 것이다.

암흑 물질은 무엇으로 만들어졌을까?

> "한계를 넘어서 그 이상을 관찰하려는 열정이
> 진정한 열정이다. 인간의 정신이 눈에 보이지 않는
> 세계를 더 잘 볼 수 있는 것처럼."
>
> 대 플리니우스Gaius Plinius Secundus[1]

수십 년 전부터 은하를 좀 더 상세히 관측할 수 있게 되면서 오히려 혼란이 늘었다. 중력의 법칙들이 우리가 아는 그대로라면, 은하 내부의 별들이 지닌 속도 값을 이해하기 위해서는 은하 속에 보이지 않는 '암흑' 물질이 엄청난 질량을 지닌 채 숨어 있다고 가정하는 길밖에 없기 때문이다. 최근에 또 다른 현상들을 관측하면

---

1 고대 로마의 박물학자이자 정치인. 백과사전 격인 《Naturalis Historia 박물지》를 집필했다.

서 이 견해를 더 신뢰하게 되었다. 예를 들어보자. 빛이 큰 질량에 의해 휜다는 사실은 다 안다. 몇몇 먼 은하에서 나온 빛이 우리에게 도달하기 위해서는 은하단 근처를 지나가야 했을 것이다. 그래서 빛의 궤적은 빛이 광학 장치를 통과했을 때처럼 도중에 휜 상태로 변했다. 그때부터 은하는 반짝이는 점이 아니라 아치형 빛처럼 보였다('중력렌즈 현상'이라고 한다). 이 아치의 형태와 면적을 보고 빛을 휘게 한 은하단의 질량을 추론할 수 있다. 결과는 명확했다. 측정된 은하단의 질량은 은하단이 포함하는 눈에 보이는 별들의 외관상 질량보다 10배 컸다. 그러니까 보이지 않는 질량 덩어리, 즉 중력을 행사하지만 빛은 발산하지 않는 암흑 물질이 상당량 존재하는 것이다.

암흑 물질은 무엇으로 만들어졌을까? 중성미자처럼 우리가 아는 입자들로 구성되었을까? 많은 물리학자들이 처음에는 그렇게 생각했지만, 이 가정은 현재 신빙성이 떨어진다. 그러면 완전히 새로운 입자들로 구성된 물질일까? 아마도 그럴 것이다. 그런데 어떤 입자일까? 보통 입자들의 초대칭 짝일까? 이것이 많은 물리학자들이 알고 싶어 하는 것이다.

무엇이 우주의 팽창을 촉진하는가?

> "불가능한 것을 제거하면, 그 밖의 것은
> 사실이 아닌 것처럼 보이더라도 사실이다."
>
> 셜록 홈스Sherlock Holmes

새로운 탐지 수단을 활용한 덕분에, 최근 여러 해 동안 우주에서 수많은 정보를 얻었다. 특히 천체물리학자들은 폭발 도중에 먼 곳의 별들이 발산한 빛(초신성)을 명확하게 분석했다. 천체물리학자들은 자신들이 발견한 것을 보고 깜짝 놀랐다.

천체물리학자들이 관측한 우주 먼 곳의 초신성은 엄청난 빛을 발산하는 폭발이다. 초신성은 밀도가 엄청나게 높은 '백색왜성'이라고 부르는 작은 별에서 발생하는데, 백색왜성은 자기보다 무거운 동반성(짝별)과 쌍을 이룬다. 백색왜성은 질량이 태양과 거의 비슷하지만, 부피는 지구와 같은 크기로 압축되어 중력장의 밀도가 아주 높다. 그래서 백색왜성의 식탐은 무시무시하다. 백색왜성은 동반성에서 물질을 끌어내 흡수한다. 이런 식탐이 지나치면 질량과 밀도가 커지고, 결국 거대한 핵폭발을 일으킨다. 핵폭발이 일어나면 아주 강한 빛이 여러 날 동안 지속적으로 발산되어 우리 눈에 보인다. 이 때 10억 개 태양만큼 빛을 발한다. 이것이 초신성이다.

우주론적으로 흥미로운 것은 초신성이 빛의 표준 계기 역할을 한다는 점이다. 초신성이 거대한 우주를 측량할 수 있는 '표준 촉광'이 된다. 표준 촉광이 되는 폭발 때 발생한 빛은 가장 밝은 상태를 몇 주 동안 유지하다가 천천히 약해지는 과정을 거친다. 두 빛의 진행 과정을 비교할 때 관측되는 차이는 오직 거리 때문에 생긴 것이다. 즉 초신성이 먼 곳에서 발생할수록 우리가 초신성에서 받는 빛은 약할 수밖에 없다. 이 빛의 강도를 측정하면 빛을 발산한 별까지 거리를 계산할 수 있다. 자동차 헤드라이트의 보이는 빛 세기와 원래 빛 세기를 비교하면, 자동차까지 거리를 추산할 수 있는 것과 마찬가지다.

관측한 결과, 초신성은 예전 우주 생성 모델이 예상한 것보다 멀리 떨어진 곳에서 발생했다. 이 결과 덕분에 그때까지 상상한 것과 달리, 우주 팽창이 수십억 년 전부터 가속하는 중이라는 것을 증명할 수 있었다. 이 말은 무엇을 뜻할까? 팽창 과정에서 항상 끌어당기는 중력은 브레이크 역할을 한다. 즉 중력은 무거운 물체들이 서로 가까워지게 하기 때문에, 우주 물질은 팽창이

지연될 수밖에 없다. 그러나 측정 결과를 보면 또 다른 과정이 반대로 가속기 역할을 하면서 중력과 맞선다는 것을 알 수 있다. 일종의 반중력이 우주로 하여금 끊임없이 팽창 속도를 높이도록 주도권을 행사하는 것이다.

이런 가속의 원동력은 무엇일까? 아무도 확실하게 알지 못한다. 자신의 무지를 자각하는 물리학자들은 불가사의한 '암흑 에너지'에 대해 말한다.

과감한 물리학자들이 암흑 에너지의 본질에 대해 몇 가지 가설을 제시한다. 한 예로 암흑 에너지는 '우주 상수'일 수 있다. 아인슈타인이 1917년에 소개한 이 매개변수(우주 상수)는 우주 공간에서 밀어내는 힘(척력)이라고 할 수 있다. 우주 상수 값이 0이 아니라면 우주 상수는 우주 팽창의 가속을 결정할 것이다. 그러나 다른 실마리도 거론된다. 한 예로 암흑 에너지가 종전의 물질과 반대로 팽창을 가속하는 '외래 물질'에서 생겨났을 것이라는 추측을 배제할 수 없다. 우리가 아는 물질과 근본적으로 다른 외래 물질은 우주 질량의 70%까지 점하고 있다. 외래 물질은 무엇으로 만들어졌을까? 문제는 계속 제기된다. 결국 물리학자들은 이런저런 예측을 해보면서 양자역학적 공간을 거론하기에 이른다. 물론 양자역학적 공간이 우주에 중력과 관련한 영향력을 행사한다고 확신할 근거는 아직 없다. 다른 예측의 예도 들어보자. 추가 공간이 있는 것은 아닌지, 신비스런 '제5원소'가 있는 것은 아닌지, 중력의 법칙들을 수정하면 어떨지, 힉스 보손과 관련한 장場만이 적당한 해결책이 될 거라고 말하든지 등등.

실체는 알지 못하더라도 암흑 물질과 암흑 에너지는 정말로 존재한다. 이제부터 눈에 보이는 종전의 물질이 별과 은하를 구성하고, 물질 자신은 당연히 원자로 구성되지만 실제로 우주 내용물 중에서 소수 혹은 눈에 보이는 작은 거품일 뿐이라는 점은 확실해졌다. 눈에 보이는 물질은 우주 전체의 3~4%에 불과하다. 이 사실 때문에 20세기 물리학자들은 여러 발견을 했음에도 겸손할 수밖에 없다.

'초끈 이론'을 기대해야 하는가?

"활에 여러 줄이 있으면 줄이 서로 얽혀
목표물을 겨누기 힘들 것이다."
쥘 르나르Jules Renard[2]

오늘날 수많은 물리학자들은 불가피하게 표준 모형을 넘어서려면, 기본 입자들에 대한 표현과 시간과 공간에 대한 표현 방식을 수정해야 한다고 생각한다.

지금은 초끈 이론 연구에서 그 실마리를 찾는다. 초끈 이론의 토대는 1970년대에 처음 구상되었다. 당시에는 소립자를 서술하는 양자물리학과 중력을 서술하는 일반상대성이론을 병합할 수 있는 종합적 틀을 구축하는 것이 목표였다. 실제로 두 이론은 개념적으로 양립이 불가능하다. 양자물리학은 평평하고 불변하는 시공간을 다루지만, 일반상대성이론의 시공간은 동적이고 잘 휘며 물질의 움직임에 따라 변형된다.

두 이론을 넘어서고자 하는 초끈 이론에서 입자들은

---

2   성장소설 《홍당무Poil de Carotte》를 쓴 프랑스 소설가이자 극작가.

차원이 없는 물체가 아니라, 4차원을 넘어서는 시공간에서 진동하는 길쭉한 물체(초끈)로 표현된다. 더 명확하게 말하면, 초끈 이론은 우리가 아는 점 상태의 모든 입자를 길게 뻗은 초끈으로 대체한다. 이 초끈은 보통 시공간보다 6차원 많은 시공간에서 진동한다. 초끈은 열렸거나(양쪽에 끝이 있음) 닫혔을 수 있고, 초끈의 다양한 진동 방식에 따라 다양한 입자들이 존재한다. 어떤 방식은 전자와, 어떤 방식은 중성미자와, 어떤 방식은 쿼크와 관계가 있는 식이다.

우리가 아는 보통의 입자들은 진동수가 가장 낮은 진동 방식에서 생긴 것들이다. 다른 더 무거운 입자들은 진동수가 더 높은 방식에서 생긴다. 입자들은 계속 발견될 것이다(입자들이 존재한다면 말이다).

멋지게 구축된 초끈 이론이 타당한지 그렇지 않은지 알려면 실험이 필수적인데, 그동안 어떤 예측도 확인된 적이 없다. 이렇게 차원이 추가된 시공간의 새로운 물리 현상을 어떻게 밝혀낼 수 있을까? 몇 년 전에 물리학자들은 추가된 차원들의 크기는 물리학에서 묘사할 수 있는 가장 작은 길이, 즉 약 10^{-35}m인 '플랑크 길이'와 비슷할 것이라고 상상했다. 이런 상황에 차원들 중 하나에서 펼쳐지는 모든 물리 현상은, 가장 강력한 입자가속기를 포함해 인간의 현재 관측 수단의 능력을 크게 벗어나는 식으로 표현될 것이다. 제네바 CERN에서 가동되는 LHC는 각각 7테라전자볼트TeV(1TeV는 10^{12}eV, 즉 1.6×10^{-7}J이다)인 양성자 빔 두 개를 충돌시켜서 '겨우' 10^{-19}m 차원의 길이를 잰다. 플랑크 길이보다 10^{16}배 긴 이 길이는 초끈의 존재와 관련 있는 최소한의 결과라도 LHC가 보여준 것이기 때문에 너무나 중요하다. 어쨌든 초끈 이론은 물리학자들이 오랫동안 생각해온 것이다.

1996년에 갑작스런 발상의 전환이 일어났다. 물리학자들이 추가된 차원들의 크기가 실제로는 초끈 이론에 구애받지 않는 매개변수이고, 따라서 플랑크 길이와 똑같이 고정할 선험적인 이유가 전혀 없다고 깨달은 것이다. 그 뒤로 몇몇 이론가들은 추가된 차원들의 크기가 10^{-18}m 차원일 수도 있을 것이라는 생각에 열광하고 있다. 이 이론가들이 옳다면, 공간의 추가된 차원들과 관련한 결과를 LHC로 알아낼 수 있을 것이다.

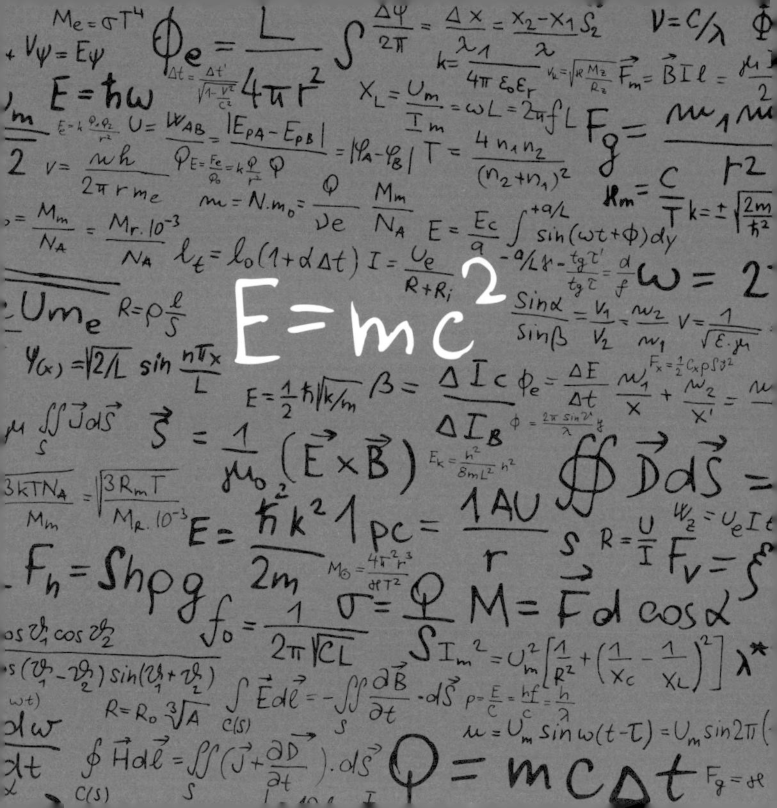
E=mc²
E=ħω
Q=mcΔt
M=Fd cosα

"정신은 늘 깨어 있기를."

—

에라스뮈스Desiderius Erasmus

입자들의 물질 연구는 앞으로도 놀랍게 전개될 것이다. 특히 지구상에서는 전혀 발생한 적이 없는 물리적 환경을 탐색하고, 힉스 보손을 발견한 LHC의 다음 활약도 눈여겨볼 필요가 있다. 단순한 작업들이 반복되었다. 긴 역사 동안 입자물리학은 어김없이 선입관을 타파했고, 확실하다고 하는 것들을 밀쳐냈으며, 참신한 관점을 펼쳐 보였고, 철저하고 진득한 토론의 주제로 자리 잡았다. 물론 입자물리학이 물질, 공간, 시간에 대한 여러 철학적 질문을 제기하면서 이따금 표현을 바꿨기에, '부정적인 철학적 발견'을 할 때도 있었다. 입자물리학의 결과물을 강요하다가 한계상황을 초래하기도 했고, 물리학 세계의 법칙을 매우 명확하게 묘사하려는 형이상학적 견해가 반박되는 경우도 있었다.

물리학을 연구할 때 철학적 역량을 충분히 드러내지 못한 것을 뉘우치기도 한다. 이런 점을 반성하고 노력하면 입자물리학의 이미지가 근본적으로 바뀔 수 있을 것이다. 사실 많은 사람들이 입자물리학 분야가 비용이 많이 들고 난해한 계획을 세우며, 조직상 많이 서투르다고 생각한다. 그럼에도 입자물리학은 생각하는 그것도 지독하게 생각하는, 더할 나위 없이 소중한 기회가 될 수 있다.

입자물리학이 남이 따를 수 없는 효율이 있는 독특한 방식으로 한 걸음 한 걸음 탐색하는 새로운 세상에서, 우리의 지식과 무지는 서로 자극하고 말을 주고받으며 가까워진다.

입자물리학은 미시 세계를 아주 값지게 탐색하도록 해준다. 인간 정신이 끈기 있게 자신의 한계를 넘어서도록, 한계를 재검토하도록 부추긴다.

$$M_e = \sigma T^4 \qquad \oint e = \frac{L}{\Delta t = \frac{\Delta t'}{\sqrt{1-\frac{v^2}{c^2}}}} 4\pi r^2 \qquad \int \frac{\Delta \varphi}{2\pi} = \frac{\Delta x}{\lambda_1} = \frac{x_2 - x_1}{\lambda} S_2 \qquad V = C/\lambda \qquad \Phi$$

$$+ V\psi = E\psi \qquad k = \frac{1}{4\pi \varepsilon_0 \varepsilon_r} \qquad v_k = \sqrt{R\frac{M_R}{R_2}} \qquad \vec{F}_m = \vec{B}I\ell = \frac{\mu_0 I}{2}$$

$$E = \hbar \omega \qquad X_L = \frac{U_m}{I_m} = \omega L = 2\pi f L \qquad \vec{F}_g = \qquad m_1 m$$

$$E = k\frac{\rho_1 \rho_2}{r^2} \quad U = \frac{W_{AB}}{q} \qquad \varphi_{E} = \frac{F_E}{q_0} = k\frac{Q}{r^2} \qquad \frac{|E_{pA} - E_{pB}|}{q} = |\varphi_A - \varphi_B| \quad T = \frac{4 n_1 n_2}{(n_2 + n_1)^2} \qquad R_m = \frac{C}{T} k = \pm\sqrt{\frac{2m}{\hbar^2}}$$

$$v = \frac{nh}{2\pi r m_e} \qquad m = N \cdot m_0 = \frac{Q}{\nu e} \qquad \frac{M_m}{N_A} \quad E = \frac{E_c}{a} \int_{-a/\lambda}^{+a/\lambda} \sin(\omega t + \phi) \, dy$$

$$= \frac{M_m}{N_A} = \frac{M_r \cdot 10^{-3}}{N_A} \quad \ell_t = \ell_0(1 + d \Delta t) \quad I = \frac{U_e}{R + R_i} \quad -a/\lambda \; t - \frac{tg \, \tau'}{tg \, \tau} = \frac{d}{f} \omega = 2$$

$$\overline{U m_e} \quad R = \rho \frac{\ell}{S} \qquad E = mc^2 \qquad \frac{\sin\alpha}{\sin\beta} = \frac{v_1}{v_2} = \frac{w_2}{w_1} \quad v = \frac{1}{\sqrt{\varepsilon \cdot \mu}}$$

$$\psi_{(x)} = \sqrt{2/L} \sin\frac{n\pi x}{L} \qquad E = \frac{1}{2}\hbar\sqrt{k/m} \quad \beta = \frac{\Delta I_c}{\Delta I_B} \quad \phi_e = \frac{\Delta E}{\Delta t} \quad \frac{w_1}{\chi} + \frac{w_2}{\chi'} = \frac{w}{\chi} \quad F_x = \frac{1}{2}C_x \rho S v^2$$

$$\vec{\mu} \iint_S \vec{J} d\vec{S} \qquad \vec{S} = \frac{1}{\mu_0}(\vec{E} \times \vec{B}) \quad E_K = \frac{h^2}{8mL^2} n^2 \qquad \phi = \frac{2\pi \sin \tau'}{\lambda} y \qquad \oiint \vec{D} d\vec{S} =$$

$$\frac{3kTN_A}{M_m} = \sqrt{\frac{3R_m T}{M_R \cdot 10^{-3}}} E = \frac{\hbar^2 k^2}{2m} \qquad pc = \frac{1AU}{r} \qquad S \quad R = \frac{U}{I} \quad \vec{F}_v = \vec{\int}$$

$$F_h = Sh\rho g \qquad f_0 = \frac{1}{2\pi\sqrt{CL}} \quad M_0 = \frac{4\pi^2 r^3}{dt\, T^2} \qquad \sigma = \frac{Q}{L} \quad M = \vec{F}d\cos\alpha$$

$$\cos v_1 \cos v_2 \qquad R = R_0 \sqrt[3]{A} \qquad S I_m^2 = U_m^2 \left[\frac{1}{R^2} + \left(\frac{1}{x_c} - \frac{1}{x_L}\right)^2\right] \lambda^*$$

$$\cos(v_1 - v_2) \sin(v_1 + v_2) \quad \int \vec{E} d\ell = -\iint_S \frac{\partial \vec{B}}{\partial t} \cdot d\vec{S} \quad \rho = \frac{E}{c} = \frac{hf}{c} = \frac{h}{\lambda} \quad u = U_m \sin\omega(t - \tau) = U_m \sin 2\pi($$

$$\frac{d\omega}{dt} \quad \oint_{C(S)} \vec{H} d\ell = \iint_S (\vec{J} + \frac{\partial \vec{D}}{\partial t}) \cdot d\vec{S} \quad Q = mc\Delta t \quad F_g = $$

강한 상호작용 쿼크들을 강하게 결합시키고, (쿼크로 구성된) 원자핵 내부의 핵자들을 조화롭게 보존한다. 유효 거리가 짧은 상호작용.

광자 빛 혹은 더 보편적으로 전자기파의 기본 입자. 가시광선(빛)은 전자기파 형태 중 하나일 뿐이다. 질량은 없다. 광자는 최소 수준에서 전자기력을 전달한다.

렙톤(경입자) 강한 상호작용의 영향을 받지 않는 입자. 전하를 띤 렙톤은 약한 상호작용과 전자기력에 관여한다. 중성의 렙톤(중성미자)은 약한 상호작용만 따른다.

바리온(중입자) 강한 상호작용의 영향을 받고, 쿼크 3개로 구성된 입자.

반입자 모든 입자에는 질량은 같고 전하가 반대인 반입자가 존재한다. 반입자의 존재(더 보편적인 용어로 반물질의 존재)는 1930년대에 예측되었다. 반입자는 이론적 관점에서 특수상대성이론과 양자물리학을 통합해, 고속 상태의 물질들을 묘사할 수 있기 때문에 물리학자들의 주목을 받는다.

빅뱅 관측을 통해 충분하게 확인된 이론적 모형. 빅뱅 이론에 따르면 우주는 처음에 온도와 밀도가 엄청나게 높았는데, 폭발하면서 낮아졌다.

약한 상호작용 여러 방사성 현상, 특히 중성자가 양성자, 전자, 반중성미자로 분열하는 현상을 담당하는 상호작용.

양성자 중성자와 함께 원자핵을 구성하는 요소. 양전하를 띤다. 중성자처럼 상호작용 하는 쿼크 3개로 구성된다.

양자물리학 중력이론을 제외한 모든 현대물리학의 기반이 되는 수학적 형식주의.

양전자 양전하를 띤 전자의 반입자. 양전자의 질량은 전자의 질량과 완전히 같다.

원자 원자핵(양성자와 중성자가 촘촘하게 붙은 결합체)과 원자핵 외곽에 구름처럼 모인 전자로 구성된 개체.

원자핵 원자의 중심부이고 아주 빽빽하다. 원자의 질량을 대부분 차지한다. 모든 원자핵은 양성자와 중성자로 구성된다.

일반상대성이론 1916년 아인슈타인이 구상한 중력이론. 이 이론에서 중력은 공간에서 작용하는 힘이 아니라, 시공간의 변형으로 묘사된다. 시공간은 자신이 포함하는 물질과 에너지에 의해 휜다.

입자충돌기 반대 방향으로 순환하는 빔 상태 입자들끼리 충돌하게 만드는 가속기. 현재의 입자충돌기들은 원형이지만, 차세대 입자충돌기는 선형이 될 것이다.

전기력 두 전하가 같으면 서로 반발하고, 다르면 서로 끌어당기는 것은 전기력 때문이다. 전기력의 세기는 두 전하의 거리의 제곱에 반비례한다.

전자 원자 속에 있고 음의 전하를 띠는 소립자. 이웃하는 원자들의 전자들 간에 전자기력이 작용해, 원자들이 분자가 되는 화학결합이 일어난다.

전자기력 모든 전기, 자기, 광학, 화학 현상의 근본이 되는 상호작용. 물리학 분야 어디서든 전자기력을 접할 수 있다.

전자기학 전기 현상과 자기 현상, 더 넓게는 광학 현상과 화학 현상까지 법칙을 서술하는 과학. 전자기학은 19세기 동안 토대가 세워졌다. 스코틀랜드 물리학자 제임스 맥스웰이 자기 이름이 들어간 방정식을 사용해 전자기학 이론을 처음으로 종합했다.

전자볼트(eV) 입자물리학에서 사용하는 에너지 단위. 1eV는 1.6×10^{-19}J에 해당한다. 메가전자볼트(MeV)는 10^6J, 기가전자볼트(GeV)는 10^9J, 테라전자볼트(TeV)는 10^{12}J이다.

중간자(메손) 강한 상호작용에 예민한 입자. 쿼크 1개와 반쿼크 1개로 구성된다.

중력 항상 끌어당기고 유효 범위가 무한대인 상호작용. 다른 기본 상호작용보다 세기가 훨씬 약하다.

중성미자(뉴트리노) 전기적으로 중성이고, 질량은 아주 작으며, 여러 핵반응 때 생기는 입자. 물질과 드물게 상호작용 한다. 세 가지 중성미자가 있다.

중성자(뉴트론) 양성자와 함께 원자핵을 구성하는 요소. 상호작용하는 쿼크 3개로 구성된다. 중성자는 전하가 없다. 혼자일 때 중성자는 양성자 1개, 전자 1개, 반중성미자 1개로 분열한다(몇 분 뒤에).

쿼크 강한 상호작용에 민감한 하드론을 구성하는 소립자. 여섯 가지 쿼크(전문 용어로 여섯 가지 '맛')가 존재한다.

특수상대성이론 1905년 아인슈타인이 구상한 이론. 그때까지 시간과 공간이 별개의 개념이었는데, 이 개념을 대신해 시공간 개념을 소개한다. 특수상대성이론에서 물질과 에너지는 등가성이 있다. 한 입자의 속도가 빛의 속도에 비해 하찮은 것이 아니라면, 그 입자는 '상대적'이다.

하드론(강입자) 강한 상호작용에 민감한 입자. 하드론에는 두 종류가 있다. 쿼크 3개로 구성된 바리온, 쿼크 1개와 반쿼크 1개로 구성된 중간자가 그것이다.

힉스 보손 이 입자의 존재를 알면서, 종전의 입자들이 어떻게 질량을 갖게 되었는지 설명할 수 있었다. 힉스 보손은 2008년 CERN에서 가동을 시작한 LHC가 2012년에 발견했다.

이 세상에 물질 아닌 것이 없다. 우리가 매일 쬐는 햇볕도 파동이면서 입자다. 인간의 몸도 물질이다. 다만 정신과 영혼이 깃든 물질이다. 물질을 구성하는 입자가 구체적으로 무엇인지 파고들 수 있는 데까지 파고드는 분야가 입자물리학이다.

물리학을 다룬 교양서는 많다. 총괄적으로 접근하거나 특정 테마를 중심으로 전개한 책이 많다. 《물질의 비밀》은 특이하게도 입자물리학을 개괄했다. 중·고등학생부터 대학생, 일반인까지 읽을 수 있게 쉬운 문체로 입자물리학을 다뤘다. 입자물리학이라고 하면 왠지 무거운 느낌이 들지만, '원자'부터 차근차근 살핀다고 생각하면 수월하게 독서를 시작할 수 있다. 원자에서 방사능으로 발돋움하다가, 자연의 힘을 거론하면서 우주로 펼쳐 나간다. 그러다 원자보다 작은 소립자 세계를 파헤치고, 급기야 물리학의 최첨단 이론인 초끈 이론으로 마무리한다.

　과학 기구의 도움 없이 자연을 관찰하던 고대인의 무기는 '생각하는 능력'이었다. 여기에서 고전적 의미의 '원자'가 탄생한다. 그 이후 인류의 역사는 2012년 LHC의 실험으로 '신의 입자'라 부르는 힉스 보손을 발견하기까지 경험과 오류, 실험을 통해 물질을 구성하는 최소 단위 입자를 깊이 파헤치는 역사이기도 하다.

　물리학자이자 과학철학자인 지은이 에티엔 클렝이 입자물리학의 발전 과정보다 중요하게 여기는 것은 이런 사물을 대하는 사고, 이름 하여 '지독하게 생각하기'다. 19세기 물리학자들은 생각을 하다 원자를 재발견했고, 수학적 형식주의를 비롯한 형이상학 사고를 통해 입자물리학을 완성해갔다. 실험과 관찰은 그다음 문제다. 지은이가 머리말과 결론에서 강조하는 것이 바로 형이상학적·추상적 사고다.

본문 구성을 보면 앞뒤 맥락이 쭉 이어지는, 그러니까 사고와 사고가 또한 물음과 물음이 연결되는 형식이다. 많지 않은 분량에 입자물리학의 모든 것을 담았다. 기호, 방정식을 최소한으로 하면서 명쾌하고 친절하게 설명해놓았다. 문장이 대체로 현재형이어서 강의를 듣는 듯하다. 그 강의 내용을 꼼꼼히 재정리했다고 보면 되겠다. 소제목이 거의 질문식이다. 대화 형태는 아니지만, 관심 있는 독자들이 궁금해할 사항을 소제목으로 정하고 지은이가 답변하는 식이다. 이 얇은 책으로 입자가 구성하는 사물과 세계, 우주를 바라보는 눈이 달라질 것이다.

화학원소와 동위원소를 말로 설명했고, 방사성물질을 그림 없이 설명했다. 아인슈타인의 그 유명한 방정식 $E=mc^2$을 설명한 부분을 보라. 이 방정식이 방사능을 설명하는 최고의 수단이 된다.

옮긴이는 학부에서 화학을 전공했다. 고등학생 때 퀴리 부인 전기를 읽고 감명 받아 화학을 선택했다. '방사능'이라는 용어를 만든 마리 퀴리가 이 책에 등장하지 않을 수 없고, 번역하다 만나니 반갑고 신기할 따름이었다. 누렇다 못해 부서져가는 삼중당 문고판 《퀴리 부인》은 내가 소유한 '무기물 물질' 중 보물 1호다.

교양서 수준에 맞게 책 뒷부분에 실린 '용어 풀이'도 어렵지 않고 색다른 구석이 있다. 현대물리학 이론은 너무나 복잡해서 이해하기 쉽지 않다. 대다수 비전공자는 이 책 한 권으로 물리학의 핵심, 즉 물질의 비밀을 손에 쥘 수 있을 것이다. 지은이는 마지막으로 에라스뮈스의 말을 인용한다. "정신은 늘 깨어 있기를."

코페르니쿠스 총서 01

물질의 비밀

펴낸날 2018년 4월 30일 초판 1쇄

지은이 에티엔 클렝

옮긴이 박태신

만들어 펴낸이 정우진 강진영

꾸민이 Moon&Park(dacida@hanmail.net)

펴낸곳 (04091) 서울 마포구 토정로 222 한국출판콘텐츠센터 420호 도서출판 황소걸음

편집부 (02) 3272-8863

영업부 (02) 3272-8865

팩 스 (02) 717-7725

이메일 bullsbook@hanmail.net / bullsbook@naver.com

등 록 제22-243호(2000년 9월 18일)

ISBN   979-11-86821-22-0 03420

황소걸음
Slow&Steady

이 도서의 국립중앙도서관 출판시도서목록(CIP)은 서지정보유통지원시스템
홈페이지(http://seoji.nl.go.kr)와 국가자료공동목록시스템(http://www.nl.go.kr/kolisnet)에서
이용하실 수 있습니다. (CIP제어번호 : CIP2018011223)